Marco Mantovani

Apicoltura biologica con arnie Warré e Top bar

Autocostruzione delle arnie, rimedi naturali contro le malattie delle api, gestione ecosostenibile e a basso costo dell'apiario

Terra Nuova Edizioni

Direzione editoriale: Mimmo Tringale e Nicholas Bawtree
Curatore editoriale: Enrica Capussotti

Autore: Marco Mantovani

Editing: Giulia Poggiali, Sabrina Burrelli Scotti
Direzione grafica e copertina: Andrea Calvetti
Impaginazione: Daniela Annetta
Disegni: Federico Zenoni, Arianna Comunelli

50127 Firenze tel 055 3215729 - fax 055 3215793
libri@terranuova.it - www.terranuova.it

I edizione: febbraio 2018
Ristampa
VI V IV III II I 2024 2023 2022 2021 2020 2019 2018

Collana: Agricoltura naturale
ISBN: 978886681 210 4

Stampa: Lineagrafica, Città di Castello (Pg)

INDICE

Ringraziamenti

Alla mia famiglia: a Carla, Melissa e Cosimo, per il tempo trascorso con le api e per quello passato nella scrittura di questo manuale.
Ai miei Maestri antichi sempre presenti attraverso i loro scritti.
A Mimmo, Enrica, Giulia, Federico e a tutti gli amici di Terra Nuova che mi hanno permesso di entrare nella mia casa editrice preferita.
A Morbello Vergari, poeta contadino che, accompagnandomi da bimbo nella città etrusca di Roselle mi disse:

> *Non canto i cavalier, l'armi, gli onori,*
> *come un dì fece il grande Ludovico.*
> *Le guerre infami, i sanguinanti allori;*
> *di tutto questo non mi importa un fico.*
> *Ma i lavoranti, l'ape, i campi, i fiori;*
> *le cose grandi solamente, dico.*

PERCHÉ SCEGLIERE LA WARRÉ

Ancora un libro d'apicoltura? Per giustificare questo lavoro vi racconterò quello che sono solito dire alle lezioni di apicoltura. Sono normalmente tre le categorie di persone che ruotano attorno all'allevamento delle api:

- i costruttori di arnie e di attrezzature, che sono indenni dagli andamenti stagionali e che producono oggetti poco deperibili nel tempo e non attaccabili dalle malattie;
- chi scrive di apicoltura, che allo stesso modo lavora su una materia che non muta con le stagioni e che non risente del peggioramento climatico e ambientale del nostro mondo;
- gli apicoltori, veri depositari della conoscenza pratica, che per seguire le api e trarne di che vivere hanno poco tempo per costruirsi le attrezzature e per scrivere libri.

Con questo scritto tenterò di far riconsiderare alcuni concetti consolidati nella mente degli attori di questa arte (o disciplina) e, sempre secondo il mio punto di vista, vedremo come poter iniziare un allevamento apistico con una spesa iniziale prossima allo zero e con metodi e attrezzature via via sempre più semplificate. La semplicità si ottiene dal fare. Con il tempo le sovrastrutture si limano e i consigli interessati mostrano la corda e dopo avere letto queste pagine non potrete più dire di non poter iniziare ad allevare api per ragioni economiche e di spazio. Niente alibi e scuse.
Per questa volta proverò a indossare le vesti dello scrittore, ma parlerò esclusivamente di realtà comprovate e vissute nella mia personale esperienza (40 anni con le api).
Tratteremo di costruzione vera e propria delle arnie: delle Top Bar Hive (TBH), del "Rucheton" di Veuille e naturalmente dell'arnia di Émile Warré, un prete francese che, come tutti i prelati, aveva a disposizione tempo e una paga sicura. Molte innovazioni sono venute dalla ricerca e dal diletto di singole persone che avevano la possibilità di dedicarsi a una particolare attività senza dover rendere conto dei risultati a qualcuno e senza dover pensare alla contingenza del vivere quotidiano (Mendel per la genetica; Stenone, per la geologia; Copernico per l'eliocentrismo; Galvani per l'elettricità biologica; Russell per la selezione delle razze canine; Langstroth per l'apicoltura eccetera).
Più che altro, e ci tengo a sottolinearlo, non agivano per interesse proprio o di "multinazionali" che al giorno d'oggi hanno ingabbiato la ricerca rendendola serva di interessi che nulla hanno a che fare con il buon senso e l'utilità per tutta l'umanità (vedi brevetti dei semi, ogm e altre amenità varie).
Vedremo in particolare i metodi di conduzione, sempre messi in relazione con le metodiche dell'arnia standard (quella che cioè ha vinto sulle altre) che è rappresentata dalla Dadant-Blatt e dalle sue attuali modifiche (ad esempio la Dadant a 8 telai). Standard, però, non sempre significa migliore. Gli attuali motori delle auto, per esempio, derivano dal primo prototipo pensato per la combustione con olio vegetale…

Seguendo la filosofia che tenteremo di ricondurre alla pratica, i nostri limiti e i vantaggi sono così riassumibili:

- la costruzione di un'arnia Warré può avvenire con materiali di scarto e riciclati: poiché le misure interne sono 300 mm x 210 mm, si possono segare e utilizzare gli interni dei pallet in legno del commercio senza doverli schiodare;
- gli elementi che formano le arnie Warré sono maneggevoli e il loro utilizzo è più agvole anche per il minor peso rispetto alle arnie standard (50 kg per il nido e 30 kg per i melari aggiuntivi); caratteristica che permette a un'ampia gamma di persone di occuparsi di apicoltura;
- le famiglie crescono molto più lentamente all'interno delle Warré e le rese sono nettamente inferiori (la media produttiva in anni normali si aggira attorno a 9 kg per arnia, con arnie stanziali, contro i 15 kg circa di una Dadant), occorrono quindi minimo 200 arnie condotte con questo metodo per supportare un'azienda che si possa definire professionale;
- d'altra parte le ore di lavoro e i metodi utilizzati permettono di risparmiare tempo, quindi si può incrementare il numero delle famiglie riuscendo ad accudirle da soli;
- pur non essendo indenni dalle malattie conosciute, le api in Warré nella maggior parte dei casi resistono meglio agli attacchi parassitari e virali (vedremo comunque oltre i sistemi per trattare le api con principi attivi biologici e/o naturali che ricorrono a sostanze fitoterapeutiche o ad acidi organici deboli);
- la cera viene distrutta all'atto della smielatura (per pressione) quindi non farà più da veicolo per eventuali sostanze contaminanti né da ricettacolo di patogeni, perché semplicemente ogni anno sarà cambiata, a prescindere dalla volontà dell'apicoltore (come avviene con i telai);
- le lavorazioni per estrarre il miele e per sciogliere la cera sono alla portata di tutti per quanto riguarda le attrezzature e i locali, come vedremo più avanti.

L'autore intento al montaggio di un melario.

CAPITOLO 1

Note pratiche di biologia delle api

Vorrei qui tratteggiare gli aspetti di base della biologia e della fisiologia sociale dell'ape principalmente per inquadrare il perché e il quando di certi interventi. Parlerò unicamente degli aspetti principali, come in un disegno a mano libera i contorni saranno sfumati ma sono certo che vi rimarranno impresse alcune definizioni "colorite".

È una biologia semplificata ma non semplicistica, trascrizione di una conversazione fra apicoltori che "filtrano" i dati e le informazioni che vengono dalla ricerca scientifica attraverso il proprio sentire e la propria esperienza. Questo perché alcune nozioni di base sono necessarie per decodificare il linguaggio dei nostri insetti, comprendendolo riusciremo a comprendere le loro esigenze e forse riusciremo anche a indirizzarle verso le nostre aspettative.

La società delle api si presenta a noi come un superorganismo dotato di molte componenti autonome che però riescono sempre e comunque a lavorare all'unisono.

Api operaie

Le **api operaie** rappresentano l'interfaccia nei confronti del mondo esterno, raccolgono il nettare, l'acqua, il polline, la propoli, cercano dei nuovi nidi, costruiscono l'ossatura di cera, difendono l'insieme dagli attacchi esterni, mantengono la temperatura ottimale nell'arnia. Possiamo immaginare le api operaie come dei lunghi tentacoli filiformi (le traiettorie che tracciano in volo) che dall'esterno riportano incessantemente materiale verso la bocca (ingresso) dell'arnia.

Le api operaie nascono da un uovo fecondato, come la regina, ma a differenza di questa sono delle femmine incomplete, incapaci di riprodursi.

L'uovo, deposto perpendicolarmente al piano del favo il primo giorno, si inclina il secondo e si corica il terzo. Queste tre posizioni sono utili per determinare la presenza della regina anche senza vederla. Se vediamo un uovo perpendicolare la regina è viva

Un elemento popolato in piena attività.

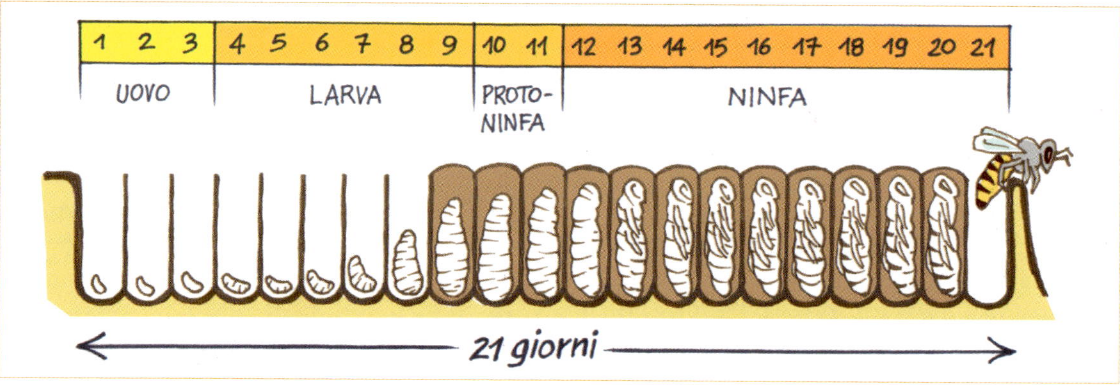

Fig. 1. Ciclo di sviluppo dell'ape operaia.

ed è passata da poco, stessa considerazione con tempi diversi per le altre posizioni (due e tre giorni). Queste osservazioni, assieme a un controllo generale della regolarità della covata, assume un prezioso valore diagnostico. Tre giorni da uovo, sei da larva con la celletta aperta. La larva viene nutrita per due giorni con pappa reale, un composto altamente proteico, poi con un miscuglio di acqua miele e polline. Solo le larve destinate a diventare regine continuano a ricevere invece la pappa reale come nutrimento per tutta la durata del loro sviluppo.
Isolata nella sua cella da un coperchio di cera porosa, per due giorni la larva filerà il bozzolo, muterà un'ultima volta e affronterà la metamorfosi finendo per aprire l'opercolo di cera come un barattolo di latta con l'apriscatole e uscire come insetto perfetto.
Emergendo si troverà a condividere la nascita con le operaie vicine, nate da uova deposte dalla regina, nei favi destinati alla covata, con movimenti regolari e concentrici. La forma della covata è globulare: è il nido, risultato della febbrile attività di ovideposizione. L'ape regina inizialmente immerge il capo nella cella prescelta per controllare che non sia già occupata da un uovo e poi, se libera, sorreggendosi con le zampe ai bordi. vi affonda l'addome per deporre.
Questa impeccabile architettura può essere completamente scompaginata dall'intervento dell'apicoltore, spostando telai o invertendo elementi. Modificare in tal modo la forma del nido non è una pratica auspicabile almeno per chi intende praticare l'apicoltura naturale.

Dopo circa 21 giorni, l'ape rompe l'opercolo che racchiude la celletta e inizia la sua vita da adulta.

Operaia, dall'uovo alla morte

Il ciclo di sviluppo di un'ape operaia, dalla deposizione dell'uovo all'età adulta è schematizzata nella fig.1. La durata media della vita di un'ape dipende ovviamente da diversi fattori: epoca di deposizione dell'uovo, carico di lavoro, predatori, malattie, inquinamento, pesticidi. Mediamente si stima che la durata della vita di un'ape possa variare da 2 mesi, nella stagione del raccolto, a 4-5 nei mesi più freddi.

Dentro e fuori l'alveare le api svolgono delle mansioni scandite dallo sviluppo dei diversi tipi di organi che permettono loro di compiere vari lavori.

Spazzina, nutrice, ceraiola, guardiana e infine esploratrice e bottinatrice saranno i ruoli che l'ape operaia assumerà nella sua vita in sincronia con l'aumento della produzione di pappa reale, cera e veleno. Benché in condizioni normali la vita di un'operaia si dipani cronologicamente su questa sequenza di compiti, è stato osservato che in condizioni particolari le api possono ridistribuirsi le diverse mansioni a prescindere dall'età: in caso di necessità una giovane operaia può divenire bottinatrice poco dopo la nascita e un'anziana bottinatrice può tornare a essere nutrice.

L'ape **spazzina** si occupa della pulizia delle celle che devono contenere la covata o il miele, della lavorazione della propoli e dell'allontanamento dal nido delle spoglie di api e altri insetti morti.

L'ape diventa **nutrice** quando comincia a produrre pappa reale e può quindi nutrire le larve della covata.

Verso il sedicesimo giorno di vita l'ape comincia a secernere cera dalle ghiandole ceripare poste sotto l'addome e diventa così una **ceraiola**. Il periodo più intenso per il lavoro delle ceraiole è in primavera quando il nettare e il polline abbondano e quindi c'è necessità di ampliare il nido. L'accrescimento dei favi si attua aggiungendo cera nella parte bassa, come avviene nelle cavità naturali. Quando le api "imbiancano", quando cioè si notano costruzioni nuove e bianche nell'alveare è il momento di fornire spazio. I favi che verranno costruiti (in arnie senza fogli di cera stampati) saranno ripartiti in celle da operaia (che conterranno anche polline e miele), celle da fuco e poi, più avanti, celle da regina.

All'arrivo della bella stagione inizia l'espansione: la famiglia si allarga e noi dobbiamo seguirla, con i controlli e i materiali adatti ad agevolare l'aumento di volume. Con l'autunno la popolazione tenderà invece a diminuire e con essa lo spazio necessario e quindi i materiali occorrenti al sostenta-

Favi costruiti senza intelaiatura e presenza di foglio cereo.

mento della famiglia. Mi piace immaginare ogni arnia come un organetto che si allarga in primavera e si restringe in inverno.
Durante il periodo della vita passato all'esterno, l'ape, nella sua qualità di **esploratrice** si farà guidare dall'odore dei fiori per scoprire aree di bottinatura, aree cioè di fioriture costanti dove potersi approvvigionare del nettare con una frequenza e una quantità rilevanti.
In questa attività, oltre che dal profumo percepito finemente grazie alle sue antenne (organi tattili e olfattivi contemporaneamente, un "tatto odoroso"), si farà guidare per l'avvicinamento ai nettari dal colore dei fiori. Le screziature e i colori dei fiori infatti sono "piste" per gli insetti prònubi che segnano la posizione dell'esatto atterraggio ai fini della riproduzione floreale.

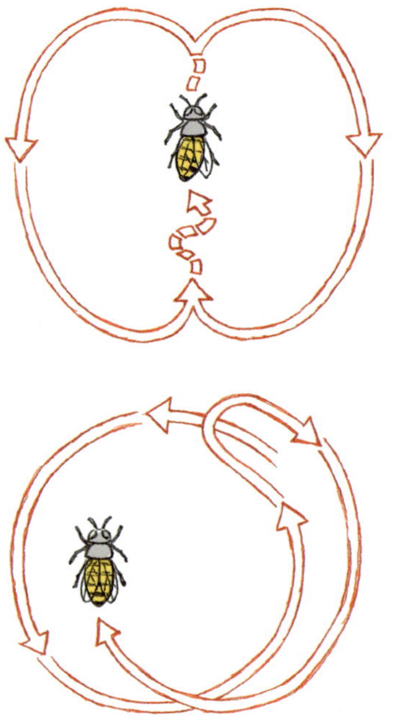

Fig. 2. Tramite specifici movimenti, la cosiddetta "danza delle api", le esploratrici segnalano alle bottinatrici la posizione delle fonti di nettare.

Una volta individuata la fonte di nettare le prime api esploratrici ritorneranno all'alveare e comunicheranno la posizione, la qualità e il costo energetico (vento contrario/favorevole ecc.) perché possa essere raggiunta dalle **api bottinatrici**, quelle api cioè che eseguiranno la raccolta vera e propria senza avere partecipato alla scoperta.
La possibilità di inviare migliaia di sorelle alla raccolta è determinata dalla "danza" comunicativa o di reclutamento, scoperta da Karl Von Frisch, Nobel per la medicina e la fisiologia nel 1973, con la quale le api riescono a fornire le informazioni per la localizzazione spaziale delle sorgenti di approvvigionamento (acqua, nettare, polline, propoli). È un sistema intelleggibile anche da un umano, basta che sia fornito di goniometro, cronometro e che possa osservare visivamente i movimenti della danza. L'informazione impossibile per noi da percepire è il tipo di nutrimento, che viene comunicato fornendo durante la danza un piccolo campione del nettare raccolto: le api spettatrici assaporano il campione e comprendono quale sostanza devono andare a cercare.
Le operaie hanno zampette "specializzate", il primo paio serve per pulirsi le antenne (abbiamo detto organi dell'olfatto e del tatto), l'ultimo paio è dotato di cestella per trasportare il polline, il secondo paio porta su un lato una spina utilizzata al rientro nell'alveare, per staccare il polline dalla cestella.
Il raggio d'azione delle esploratrici si può spingere fino a 3 km, 30 ettari circa tutti intorno all'alveare. In realtà studi approfonditi hanno dimostrato che le api sono sensibili al parametro sforzo/guadagno, mete più vicine sono preferite e la media del tragitto si stabilizza intorno a 1 km.

La danza usata come mappa per le grandi distanze è la danza dell'addome, la danza circolare significa "cercate qui intorno" ed è interpretata in maniera diversa a seconda della razza d'appartenenza: per l'ape austriaca indica una distanza oltre i 100 metri e per quella italiana entro i 100 metri.
Tutti questi comportamenti sono resi possibili dalla memoria delle nostre api (ritenzione mnemonica). Parliamo di **memoria delle api** dal nostro punto di vista di allevatori visto che al momento della sciamatura le api dimenticano completamente la posizione dell'arnia d'origine. Questo significa che una volta acquisito lo sciame, sarà possibile spostarlo la sera stessa in una posizione qualunque rispetto a quella in cui è stato catturato. Un metro, dieci, cento, mille: non importa, per le api il ricordo ripartirà il giorno dopo. Si potrà al limite riposizionarlo, non volendo incrementare le arnie, anche sull'alveare da cui si è diviso, sapendo però che una regina morirà nell'unione (con una probabilità alta la vecchia regina).
Le famiglie perdono la memoria anche in seguito a un periodo di clausura di almeno 48 ore in un ambiente tranquillo e a bassa temperatura (una cantina ad esempio). Dopo questo periodo si possono spostare secondo le nostre esigenze. Lo stesso avviene durante un periodo freddo in inverno: le api dopo alcuni giorni di immobilità totale possono essere dislocate all'interno dello stesso apiario. Dobbiamo avere l'accortezza, dopo queste manovre, di mettere un fascio di canne, dei rami fitti o altri impedimenti davanti all'ingresso dell'arnia. Le api prima di partire indugeranno nell'aggirare l'ostacolo memorizzando indelebilmente la nuova posizione.
La posizione, il colore e la forma dell'arnia vengono decifrati attraverso gli **occhi composti** dell'ape. Le api li usano per gli spostamenti esterni; all'interno dell'alveare, con pochissima luminosità, vengono utilizzati gli **ocelli**, tre occhi semplici adattissimi alla visione negli anfratti oscuri.
Nella foto sottostante, elaborata al computer, è evidenziata la differenza di visione di un fiore percepita dall'occhio umano e quella percepita dall'ape.
Questa particolarità mi ricorda un aneddoto. Non credendo alla capacità delle api di "vedere" nel buio, un mio amico neoapicoltore mi disse che sarebbe andato, di notte, a mettere in un sacco di juta la maggior parte di uno sciame che aveva inarniato parzialmente da un olivo durante il giorno. Raccomandazione a vuoto: "Stai attento che le api al buio ci vedono bene! Prendi le dovute precauzioni". Grassa risata. L'epilogo fu una notte sotto osservazione al pronto soccorso per la marea di punture ricevute.

In questa foto, elaborata al computer, è evidenziata la differenza di visione di un fiore così come è percepito dall'occhio umano (a sinistra) e da parte dall'ape (a destra).

Le api di notte non volano e ti camminano addosso da tutte le parti. Abituate come sono a pressare il polline dentro le cellette con la testa, sono capaci di passare oltre gli elastici deboli e le maniche semichiuse, figuriamoci i pantaloni aperti in fondo. Se uno mantenesse la calma nessuna si sognerebbe di pungerci, accendere una luce le richiamerebbe tutte in un punto. Il problema quella volta fu il panico e una sequenza di gesti scomposti.
Durante il giorno le api volano sempre e, richiamate dallo scintillìo dei nostri denti e degli occhi dirigono l'azione di difesa verso questi punti per loro ben visibili. Sono attratte anche dall'emissione dell'anidride carbonica della nostra espirazione. Basta indossare una maschera a velo, o meglio un camiciotto da apicoltore, oltre ai guanti, per effettuare in totale sicurezza tutte le operazioni. Sono dei Dispositivi di Protezione Individuale e come per tutti gli altri lavori è importante indossarli sempre. Così come è anche importante che l'affumicatore sia sempre acceso.
In generale i movimenti bruschi, l'odore della traspirazione, i colori scuri stimolano la risposta difensiva delle api. In realtà emettere adrenalina durante una visita in apiario, cosa normalissima i primi tempi, veicola alle api un feromone che viene decodificato come "pronti a combattere". La calma e l'abitudine saranno pertanto i migliori deterrenti
Il **pungiglione** (apparato vulnerante) delle api operaie è un antichissimo ovodepositore modificato. I maschi ne sono sprovvisti.
La pericolosità della puntura dipende dalla quantità di veleno presente nel serbatoio, un'ape che ha già punto infliggerà una stilettata meno dolorosa. La puntura d'ape si riconosce dall'ultima parte di filamenti che rimangono nella nostra ferita (cosa che non succede alle vespe). La nostra pelle, infatti, si richiude sul pungiglione, che con la sua conformazione ad "amo da pesca" non permette all'ape di liberarsi e nello sforzo essa si provoca un evisceramento. Il movimento di rimozione del pungiglione deve essere fatto lateralmente: schiacciandolo con le dita si provocherebbe la fuoriuscita totale del veleno.
Essere punti è cosa eccezionale ma deve essere messa in conto: per noi e per chi ci sta intorno è sempre meglio avere delle pillole di cortisone da sciogliere sotto la lingua in caso di bisogno. I più scrupolosi potranno portare con sé del cortisone iniettabile (con scadenza lunga), sappiate però che la copertura totale per ogni evenienza viene data soltanto dall'adrenalina che è l'unica sostanza in grado di salvare una persona in preda a shock anafilattico.

Api fucaiole

Nel caso in cui le api si ritrovino orfane e nell'impossibilità di allevare una nuova regina, il destino della colonia è segnato, ma prima di scomparire la famiglia vedrà la comparsa di alcune **api fucaiole** cui la natura ha affidato il compito di tentare di trasmettere il patrimonio genetico della famiglia. Si tratta di individui che in un certo senso ripercorrono a ritroso il cammino della loro evoluzione divenendo **figliatrici**. Deponendo però uova non fecondate, le fucaiole daranno sempre origine a maschi. La loro presenza si riconosce facilmente perché, non riuscendo esse a controllare la deposizione in ogni celletta, vedremo due o tre uova collocate caoticamente sul fondo di alcune celle.
Se la famiglia è ancora in condizioni discre-

te quando ci rendiamo conto che essa non ha più la regina ma ha invece le fucaiole, la sola cosa da fare è scomporre l'arnia, spazzolare tutte le api a due o tre metri di distanza dalle altre arnie e togliere completamente ogni pezzo dalla linea degli alveari, sacrificando tutti i maschi nella covata.

In questo modo le fucaiole con gli ovari gonfi non potranno volare mentre le ultime api ancora efficienti andranno verso le famiglie vicine. Se l'apicoltore aiuta questo movimento spostando leggermente le altre arnie verso la vecchia posizione a sera tutto si sarà normalizzato.

Fuchi

I fuchi sono l'organo riproduttivo maschile, anche se l'antica etimologia francese li definiva "covatori", in virtù del ruolo importante che svolgono nel riscaldamento dell'incubatrice seriale rappresentata dai favi di covata. La famiglia ne alleva qualche migliaio dalla primavera all'autunno.

Da un punto di vista morfologico, le differenze più vistose, rispetto alle api operaie, sono nelle dimensioni del corpo e nella grandezza degli occhi che nel fuco si uniscono quasi a sembrare un unico organo. Gli **ommatidi**, gli elementi formativi della visione composta, sono presenti in numero sei volte superiore rispetto alle femmine; si tratta di una differenza che sottolinea l'importanza della visione per il fuco che deve essere in grado di individuare una regina in volo. Le zampe sono senza utensili.

Tra le nove e le dodici ore dopo la nascita tendono a compiere il primo volo che può durare fino a cinquanta minuti. La maturità sessuale è raggiunta tra i trenta e i quaranta giorni dopo. Nel frattempo, essi svolgono un'importante azione di supporto al lavoro delle operaie, soprattutto per quanto riguarda la termoregolazione.

In genera la loro vita non va oltre i 50 giorni, ma spesso dura molto meno. Anche quando scampano all'apicoltore (esistono alcune pratiche di lotta biomeccanica alla varroa che ne prevedono il sacrificio) e riescono a riprodursi, i fuchi hanno vita breve poiché dopo l'accoppiamento, le operaie provvedono al loro allontanamento all'arrivo della brutta stagione.

Possono essere in qualche modo paragonati a una sorta di spermatozoi con le ali: dopo aver passato i primi giorni della pro-

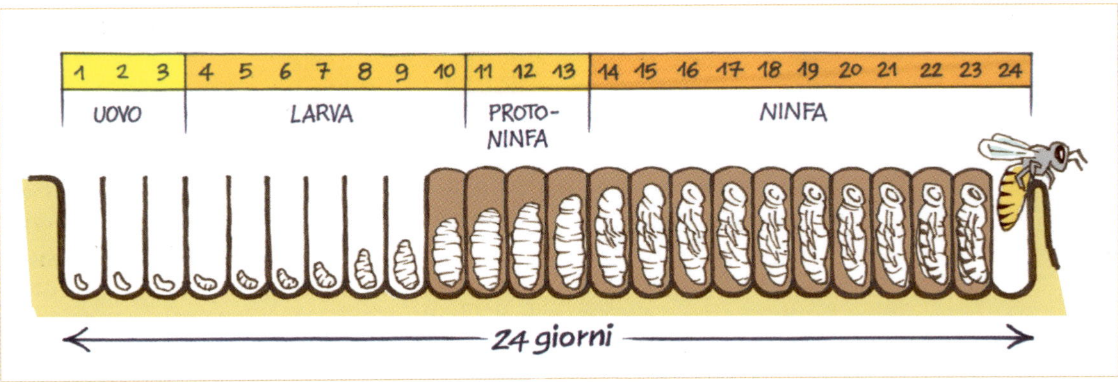

Fig. 3. Ciclo di sviluppo del fuco.

pria vita liberi di volare da un'arnia all'altra senza subire vessazioni, nutriti e puliti dalle api, incapaci di cavarsela da soli, si spostano in luoghi di preparazione all'accoppiamento, in cui si radunano a migliaia, aspettando una regina vergine in volo. Quando questa passa i fuchi si accodano all'inseguimento. Mentre però l'ovulo di un mammifero attende inerte il più rapido degli spermatozoi, la regina inseguita fugge con tutte le sue forze per selezionare i maschi migliori. Essa poi si accoppierà con diversi di loro (tra dieci e quindici) che depositeranno i loro spermatozoi nella sua spermateca, un organo che li manterrà vitali per quanto durerà la vita stessa della regina e che permetterà alla madre di deporre un numero incredibile di uova fecondate senza dover ricorrere mai più all'accoppiamento. Al momento dell'eiaculazione, l'organo sessuale del fuco si staccherà provocandone la morte.

Il ruolo del fuco è limitato alla termoregolazione dell'alveare e alla fecondazione della regina.

Si consideri tra l'altro che non mescolandosi completamente gli spermatozoi nella spermateca, è possibile che nel corso della vita di una famiglia si susseguano generazioni di api con padri differenti e quindi con differenti caratteristiche genetiche. In ogni momento in una famiglia saranno presenti diverse subfamiglie di api, accomunate sia dal patrimonio genetico materno che da quello paterno e una di queste sarà demograficamente dominante. Per questo motivo, è possibile che in un certo momento una famiglia cominci a manifestare comportamenti differenti rispetto a quelli normalmente riscontrati: a causa della poliandria della regina e della non completa mescolanza degli spermatozoi, in ogni famiglia ci saranno delle fluttuazioni caratteriali corrispondenti alle fluttuazioni delle subfamiglie dominanti.

Regina

La **regina** è l'unica femmina feconda dell'alveare. La sua presenza è causa e fonte della coesione della famiglia; come una ghiandola endocrina dell'alveare, essa secerne dei feromoni il cui "messaggio" ha lo scopo di mantenere legati gli individui. Trovandosi nell'impossibilità di trasmettere personalmente tale messaggio a tutte le svariate migliaia di figlie che compongono la colonia, le api hanno sviluppato un sistema che usa la nutrizione e lo scambio via orale (trofallassi) per distribuire il feromone reale a tutti i componenti. Per fare in modo che i fuchi vengano allevati soltanto nel corso della bella stagione, la regina può scegliere il sesso del nascituro. Mantenendo tutti gli spermatozoi nella spermateca, separati dalle uova, la regina "decide", al momento della deposizione, se fecondare o meno l'uovo: se verrà fecondato, esso darà vita a una femmina, altrimenti a un maschio. I fuchi nascono infatti per partenogenesi arrenotoca (sono cioè privi di padre) e sono pertanto aploidi, possiedono un corredo genetico dimezzato rispetto a quello delle femmine.

Durante il suo lavoro la regina viene alimentata con la gelatina reale (pappa reale, il nutrimento di tutte le larve fino al terzo giorno) perché continui incessantemente la deposizione che viene interrotta solo in caso di prolungati periodi di freddo, siccità, carenza di raccolto o mancanza di spazio.

Quando le api decidono che la regina, per qualche motivo, non è più all'altezza dei compiti assegnati, allargano alcune celle (la cella da regina è più grande e a forma di ghianda rivolta verso il basso) contenenti normali uova di ape operaia e iniziano a nutrire tali uova con pappa reale fino al pieno sviluppo.

Grazie alla migliore alimentazione e allo spazio maggiorato, tutti gli organi della futura madre potranno svilupparsi e **nasceranno nuove regine**, una delle quali andrà a sostituire la vecchia regina che verrà uccisa.

La scarsità di feromone reale, che si può verificare non solo per l'età della regina (diminuisce col tempo) ma anche per l'incremento demografico della colonia, è uno dei principali fattori scatenanti del **fenomeno della sciamatura**. È una situazione che si ripresenta puntualmente ogni primavera: il nutrimento, migliorato in quantità e qualità, e la maggiore temperatura fanno aumentare il numero delle api e di conseguenza la "razione" di feromone reale pro capite diminuisce. Al momento della maturazione e poco prima della schiusa delle celle reali inizia la sciamatura vera e propria.

La sciamatura è la vera forma di riproduzione delle api, la "gravidanza" con cui una famiglia ne genera un'altra. È una colonizzazione e ripartizione del territorio e delle risorse, ma è anche un atto di sanificazione con cui si diluiscono i patogeni o parassiti, è una sorta di depurazione e viene usata in automatico anche in molti casi non attribuibili al normale processo di riproduzione primaverile (shock da trattamento, pressione dei parassiti, fame).

Poco prima della schiusa delle celle delle nuove regine, la regina vecchia abbandona l'alveare madre con circa metà delle ope-

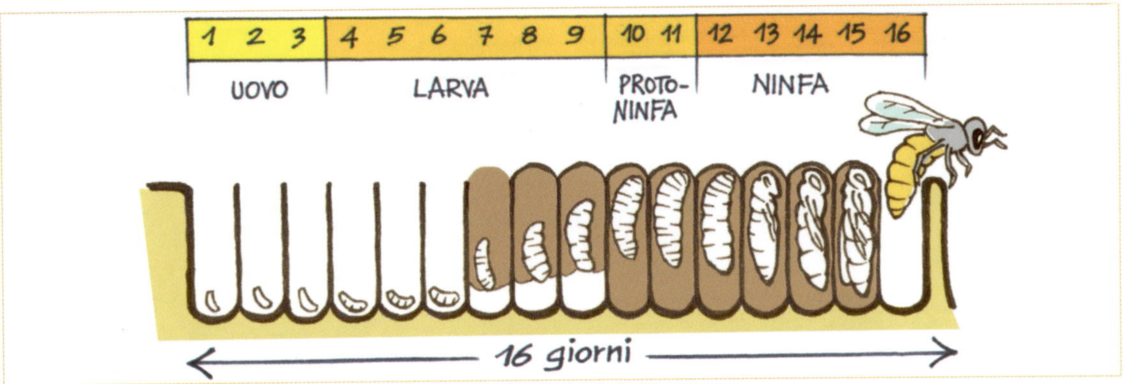

Fig. 4. Ciclo di sviluppo della regina.

raie (lo sciame primario) per andare a fondare una nuova colonia. Nell'alveare madre la prima regina che sfarfalla cercherà di uccidere le sorelle prima che nascano, ma se non dovesse riuscirci, vi sarebbe allora uno scontro da cui una sola uscirebbe viva. Esiste anche la possibilità che le nuove regine convivano per il breve tempo necessario perché un altro sciame possa partire e possibilmente altri ancora; è infatti possibile che si arrivi fino quasi alla sparizione del ceppo madre. In questi casi si parla di vera e propria **febbre sciamatoria**. Resta un alveare vuoto con alcune regine in cella ancora da emergere. La moltiplicazione della specie sarà soddisfatta ma non ci sarà alcun prodotto per noi. Eccezionalmente una colonia può contenere due regine per tempi prolungati, specialmente durante l'inverno che madre e figlia già fecondata possono passare assieme.

Le regine vergini "cantano", e lo fanno sui favi e da dentro le cellette prima di nascere. Un orecchio abituato è capace di percepire questo avviso di sciamatura, è un "TUI TII TII TII TII" acuto; assieme alla barba d'api fuori dal predellino costituisce una delle avvisaglie più evidenti di una prossima sciamatura.

L'allevamento della regina può essere spontaneo o provocato. Nella preparazione spontanea della sciamatura le celle reali occupano i bordi della covata o la base dei favi. L'allevamento provocato (ad esempio togliendo o sopprimendo la madre) dà origine a celle reali meno pronunciate che si possono trovare ovunque (dove c'era una larva da "valorizzare" dell'età giusta: inferiore a tre giorni). L'ape candidata a diventare regina sfarfalla tra i quindici e i dicassette giorni dopo la deposizione dell'uovo, quando per nascere rosicchierà e spingerà il tap-

La regina è l'unica femmina feconda dell'alveare. Grazie a una speciale ghiandola secerne dei feromoni il cui "messaggio" ha lo scopo di mantenere legati tutti i membri della colonia.

po di cera fino a che quest'ultimo si aprirà a cerniera.
Una volta fecondata la regina depone solitamente le uova in modo preciso e compatto, pertanto una covata stretta, serrata, senza celle vuote è sinonimo di forza e gioventù, mentre un sintomo macroscopico di "malfunzionamento" dovuto a malattia o vecchiaia sono i "fori" nella covata, cioè la percentuale di uova non deposte o fallaci, che danno visivamente l'efficienza della regina, indipendentemente dall'età. Normalmente le api sostituiscono le regine prima che queste perdano completamente la fertilità, ma se per qualche ragione non dovessero riuscirci la regina, svuotata col tempo la spermateca, diventerebbe fucaiola, comincerebbe cioè a generare solo maschi e terminerebbe la fase di vita di un alveare.
Nella gestione delle regine, specialmente negli allevamenti professionali, molta importanza viene riservata alla cattura e alla **marcatura**. Considerato che il massimo della deposizione viene raggiunto a 2 anni d'età, la tecnica della datazione con il colore serve per rendersi conto dell'effettiva prolificità di una regina. La marcatura della regina può essere sostituita dall'applicazione sull'arnia di puntine nei colori standard. Il codice dei colori è facilmente memorizzabile con una filastrocca inglese che dice pressappoco così: *When You Requeen Get the Best*, quando cambi la regina prendi il meglio. Le iniziali di ogni parola ricordano i colori utilizzati per contrassegnare la regina negli anni relativi: bianco (*white*, anni che terminano con 1 e 6), giallo (*yellow*, anni con finale 2 e 7), rosso (*red*, anni con finale 3 e 8), verde (*green*, anni con finale 4 e 9) e blu (anni con finale 5 e 0).

Le celle reali si riconoscono facilmente per le maggiori dimensioni.

Ubicazione dell'apiario

L'ubicazione dell'apiario è la questione più pressante per chi inizia, ed è sicuramente sopravvalutata. Come già detto la validità del luogo dove collocare gli alveari verrà confermata dalla salute delle api e dalla loro capacità di raccolta. Nessun surrogato "umano" può fare questa valutazione, ottenibile inoltre solo con il passare delle stagioni.
In generale si preferisce l'esposizione est-sud, l'assenza di venti dominanti provenienti dal quadrante nord e perciò freddi, luoghi asciutti, non paludosi, alla giusta distanza di sicurezza da strade e affollamenti, lontani da possibili esondazioni e possibilmente vicini a una strada secondaria per poter accedere agevolmente all'apiario con dei mezzi per le operazioni di movimentazione. A questo proposito risulta utile posizionare gli alveari sotto alberi a foglie caduche, schermati in estate e spogli d'inverno.

CAPITOLO 2

Autocostruzione delle arnie Warré

L'arnia Warré è un'arnia **arcaica**, è stata cioè ideata per persone senza mezzi e con scarsa o nulla preparazione sia apistica che culturale. L'intento di questo manuale è valorizzare la Warré senza toglierle la semplicità che l'ideatore aveva voluto per quella che lui stesso aveva chiamato l'**arnia del popolo**. L'arnia ci permetterà di svolgere un'apicoltura più concreta, nel senso che fisicamente toccheremo di più le api e i favi e porteremo più rispetto nei confronti di questi esseri di quanto ci permettano le arnie "moderne e razionali".
È un'arnia che funziona da sola, nel senso che, anche senza fare niente, le api si disporranno in modo ottimale all'interno degli spazi costruendo il nido di cera (che è a tutti gli effetti lo scheletro della famiglia).
L'arnia Warré ha la forma di un **camino**, assolve quindi egregiamente la funzione di disidratazione del nettare che in effetti è la principale occupazione delle api dopo che lo hanno portato nel nido.

L'arnia del popolo

Per i piani costruttivi dettagliati delle arnie Warré rimandiamo al volume "L'apicoltura naturale con l'arnia Warré" di David Heaf, pubblicato in Italia da Montaonda, da cui sono tratte le illustrazioni relative alle fig. 5-6-8-9-10. A partire dal modello originale della "arnia del popolo", ideata da Émile Warré, variazioni e miglioramenti sono stati apportati dagli apicoltori su tutto il pianeta: in Canada, per esempio, lasciano il legno delle abitazioni grezzo all'esterno per rendere più forte e resistente tutta la struttura. In realtà non tutte queste variazioni sono valide e veramente innovative; sarà possibile considerare la loro vera utilità solo con il passare del tempo (il tempo stesso è l'unico vero fattore di stress dal quale riceveremo le risposte per quanto riguarda resistenza dei materiali e facilità nella conduzione delle arnie).
Nell'immagine vediamo una possibile realizzazione molto "squadrata" dell'arnia Warré realizzata dal produttore Gilles Denis; questa lavorazione semplifica i tagli nel le-

Arnia Warré modificata secondo il modello Gilles Denis.

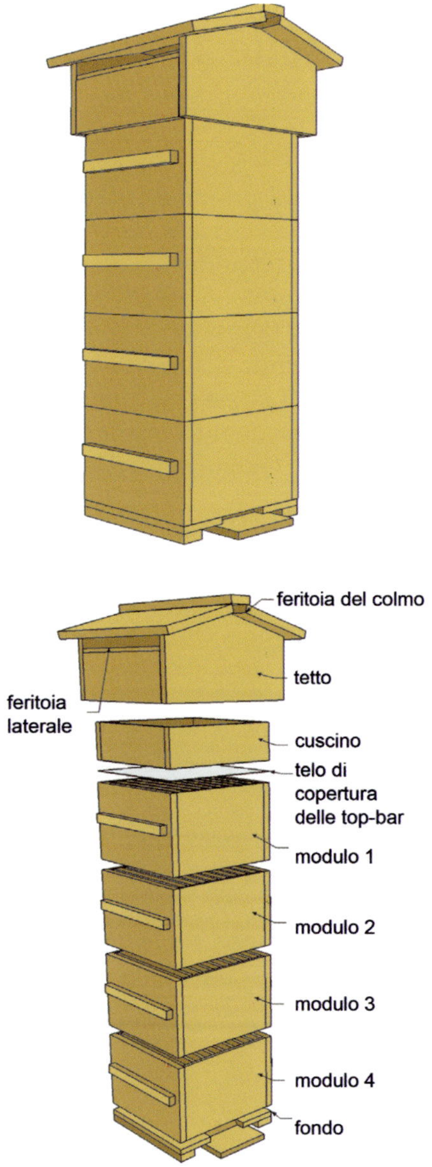

Fig. 5 – L'arnia del popolo (© Montaonda).
L'arnia del popolo è costituita da 2 a 5 elementi impilati, più raramente sei, ciascuno dotato di maniglie e di 8 barre d'invito (top-bar). Il primo modulo, quello più basso, poggia su un semplice fondo, dotato di una scanalatura che funge da ingresso inserita sotto il bordo.

gno e permette di ottimizzare le perdite di materiale tracciando i pezzi da tagliare. Le giunzioni nel legno sono testa-testa e vengono utilizzati chiodi per le unioni.
Le pitture saranno naturali, a base di olio e pigmenti della terra, potranno essere rinnovate ogni volta se ne presenti la necessità. Le formule industriali rendono impermeabile il legno e non permettono l'eliminazione dell'umidità interna che è di gran lunga più distruttiva di quella esterna. Al di fuori l'arnia può asciugare (vento, sole...), all'interno no.
Nell'immagine si vede l'utilizzo dei lamierini dentati per la spaziatura delle barrette, ma nella nostra ottica di semplificazione estrema ne faremo a meno. *Ex cura theoria nascitur...* (dalla pratica nasce la teoria... e non viceversa!).

L'elemento: il modulo di base dell'arnia Warré

Nelle foto e nelle illustrazioni delle pagine che seguono sono indicate arnie che mostrano l'intenzione, al momento della costruzione, di rispettare il vuoto interno di 300x300x210 mm di ciascun elemento. Utilizzo sempre il termine "elemento" perché, oltre a essere il nome che gli ha attribuito Émile Warré stesso, è la parola più adatta per definire un pezzo costitutivo dell'arnia che può assolvere diverse funzioni.
All'atto del popolamento a mezzo cattura di uno sciame (vedi capitolo 4) o per pacco d'api o per trasferimento da arnie Dadant, l'elemento diviene **nido**. L'arnia viene ampliata aggiungendo gli elementi **al di sotto**, con un movimento d'accrescimento esattamente contrario al sistema Dadant. L'aumento di volume realizzato in questo modo

rende lo sviluppo di queste arnie molto più lento. Il miele viene comunque conservato in alto e l'ideale per iniziare a raccogliere il frutto del nostro lavoro è quando la famiglia arriva a popolare quattro elementi.
Dato poi che la manipolazione non viene effettuata **per telai** ma per **elementi completi**, esiste la possibilità di utilizzare elementi con misure leggermente inferiori o superiori all'altezza data (210 mm). Possibilità che ho sperimentato direttamente: avendo una partita di tavole alte 200 mm ho costruito 30 elementi con questa altezza. I risultati sono stati ugualmente soddisfacenti e, non avendo telai da intercambiare, gli elementi sottomisura si sono comportati perfettamente e altrettanto bene si sono integrati nelle altre arnie.
Umberto, un amico apicoltore, ha trovato il sistema di utilizzare pezzetti di legno colle-

L'elemento con le barrette inserite.

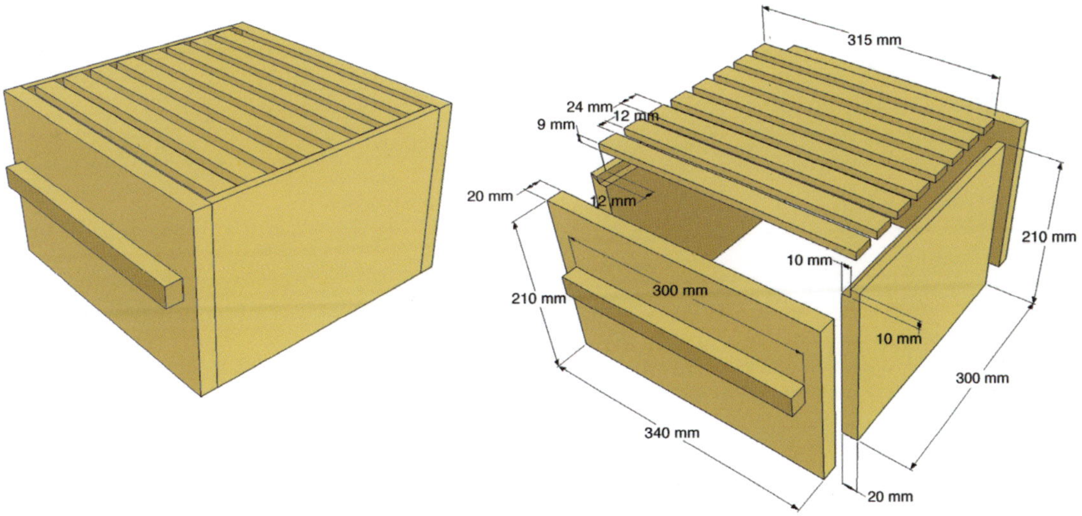

Fig. 6 – Il modulo (© Montaonda).
I moduli sono uniti agli angoli con chiodi galvanizzati o viti. Warré non specifica le dimensioni delle maniglie, ma dei regoli di 200 x 20 x 20 mm fissati con chiodi e incollati hanno dimostrato di funzionare bene, anche quando si tratta di alzare l'intera arnia con le maniglie del modulo più basso.

gandoli con delle cornici di ferro e viti. *Tot capita tot sententiae* (quante teste ci sono e quante soluzioni si trovano...).
Umberto, oltre a realizzare delle arnie esteticamente belle a vedersi, ha mantenuto il principio di Warré per quanto riguarda la ventilazione delle arnie. Warré aveva previsto un componente "cuscino" tra l'ultimo elemento dell'arnia e il tetto per il costante mantenimento della circolazione d'aria verso l'esterno (vedi paragrafo "Il tetto").
Maurizio, un altro amico, ha assemblato la sua arnia in maniera ortodossa rispettando tutti i consigli costruttivi, ma utilizzando il legname di riciclo dei pallet.

Prepariamo la zona di lavoro e i materiali

Per costruire le arnie è molto utile avere a disposizione una zona attrezzata con pochi e semplici utensili:

- un banco pieghevole da lavoro (30 €);
- una sega circolare con il suo banco (meno di 100 €);
- una sega circolare a mano (40 €);
- morsetti grandi e piccoli;
- martello e chiodi di varie dimensioni;
- una piccola pialla a mano;
- un trapano.

Tutti gli attrezzi citati possono essere trovati nei supermercati di bricolage.
Il banco dove appoggiarsi per tagliare le tavole alle misure giuste per il successivo assemblaggio è indispensabile. Questi piccoli banchi sono dotati di morsetti per

Le Warré di Umberto... un ottimo esempio di riciclaggio di legno. Si notano il sistema di ventilazione sul tetto e il sistema di ancoraggio.

stringere il pezzo da lavorare. Il luogo in cui collocarlo deve sopportare due cose fondamentali: la polvere (la segatura) e il rumore. Conviene organizzare il lavoro in sequenze, in modo che, anche se doveste interromperlo, potrete poi ripartire da dove lo avete lasciato. I primi giorni vanno dedicati alla sistemazione degli attrezzi, a preparare le alimentazioni elettriche (per avere tutto disponibile senza dover scollegare e ricollegare le utenze) e alla preparazione accurata delle **dime di taglio** e della **dima di assemblaggio**. Le dime sono pezzi campione di riferimento, necessari per ottenere parti tagliate sempre nello stesso modo, che si possano assemblare in elementi il più possibile **uguali** tra loro. Vi accorgerete con la pratica che le variazioni dei pezzi sono più di quante vi aspettereste (legno imbarcato, spessori diseguali ecc.).

Le dime da preparare sono:

per fronte e retro 340x210x20 mm

- per i lati 300x210x20 mm
- per le barrette portafavi 24x9x315 mm
- per le maniglie in legno la lunghezza dev'essere di 300 mm, le altre dimensioni non sono rilevanti.

Con questo voglio dirvi che le misure possono variare a seconda del vostro **standard**.

L'arnia Warré ortodossa di Maurizio costruita con legno di pallet.

Preparazione della guida per il taglio.

La struttura esterna

Iniziamo tagliando e assemblando gli **elementi**, parti fondamentali della nostra arnia.
Dovendo tagliare tavole lunghe prenderemo come riferimento il lato a squadra della tavola e con l'aiuto di una guida a "L" in ferro e due morsetti prepareremo i tagli precisi per la sega circolare a mano.
Una cosa importantissima da rimarcare è che, benché sia possibile tagliare in tutti i versi, le tavole vanno sempre assemblate lasciando il "cuore" del legno all'esterno. Se si sottovaluta questa accortezza tutti i nostri elementi si curveranno dal lato sbagliato allontanandosi dalla giunzione (sia viti che chiodi).
Dall'illustrazione si evince molto chiaramente che se non si tiene il "cuore " (la parte centrale dell'albero che dà origine ai cerchi concentrici degli anni) all'esterno, la tavola tenderà a staccarsi seguendo il normale movimento della stagionatura.
Presso le segherie, se cercate un po', si trovano alberi di poco valore, da cui i falegnami saranno ben disposti a tagliarvi delle tavole con le vostre strane misure.
Nella foto a lato si può vedere come ho fatto stagionare assi di abete rosso con molti nodi. Le ho comprate praticamente bagna-

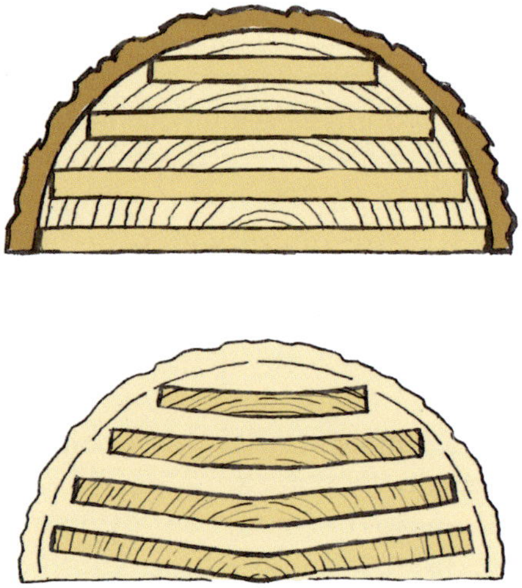

Fig. 7. In alto sezione trasversale del tronco da cui sono state ricavate le tavole, inn basso le tavole imbarcate al termine della stagionatura.

Sega circolare da banco per i piccoli tagli.

Tavole di legno "povero" lasciate a stagionare.

te e le ho lasciate stagionare 2 anni interponendo dei "regoli" per non farle incurvare e per far circolare l'aria.

Dopo aver tagliato i quattro lati dell'elemento dobbiamo provvedere a incidere una scanalatura di 1x1 cm sui due lati corti che ha lo scopo di alloggiare le barrette.
I puristi effettuano quest'operazione con la mortasatrice, ma questo utensile, se mal affilato o se il legno è troppo fibroso, tende a "strappare", rendendo il lavoro faticoso e pericoloso.
Le immagini mostrano come effettuare la scanalatura con la sega circolare da banco: occorrono due passaggi, ma il taglio risulterà più netto e vi saranno meno possibilità di ferirsi.
Non gettate i quadrotti di risulta che avanzano da questi tagli, potrebbero sempre servire.
Oltre alle dime per il taglio dei pezzi dobbiamo costruire una **dima per l'assemblaggio** da usare come modello per la costruzione degli elementi.
Grande cura deve essere utilizzata per la costruzione della dima: ogni più piccola imperfezione si ripeterà sui nostri elementi **per sempre**.
Sembra quasi una maledizione, ma questo è lo stampo del vaso, e tutti i vuoti ricalcheranno perfettamente il primo esempio. Una grande attenzione deve essere anche dedicata alla conservazione del pezzo, lontano dall'umidità e da altri accidenti.
Proseguiamo sistemando tre lati dell'elemento intorno alla dima di assemblaggio.
Poi si uniscono gli angoli per mezzo di chiodi oppure, come molti altri preferiscono, di viti. Io sono abbastanza possibilista sulla scelta, le viti durano più a lungo (a volte più dell'arnia stessa) e non hanno bisogno di

I primi pezzi tagliati.

Primo taglio con tavola coricata (1 cm x 1 cm).

Secondo taglio con tavola sul bordo (attenzione al cuore del legno).

forza per essere introdotte. Bisogna prevedere però l'acquisto di un avvitatore e di almeno una batteria di ricambio (che si carica mentre l'altra lavora).
Sia per le viti sia per i chiodi è sempre indispensabile preparare con il trapano dei **fori-pilota** per dirigere la penetrazione nel legno. In mancanza di questi il più delle volte il legno si rompe e si fessura.
Prima di sistemare l'ultimo lato dell'elemento, la dima va liberata inclinando l'elemento stesso.

La dima d'assemblaggio: 300x300x210 mm.

I pezzi sistemati intorno alla dima di assemblaggio (notate il "cuore" del legno).

Principali fasi di montaggio dell'elemento:

❶ Fori pilota per i chiodi

❷ Si inclina l'elemento

❸ Si sfila la dima lasciando qualche centimetro all'interno dell'elemento per poter assemblare l'ultimo pezzo

❹ e ❺ Si appoggia l'ultimo pezzo

❻ Il foro pilota

❼ Inserimento dei chiodi

❽ Si libera la dima

❾ Si inseriscono gli ultimi chiodi

❿ Si controlla il lavoro

Le barrette

Le barrette sono il pezzo dell'arnia più semplice e più difficile da realizzare al tempo stesso. Più semplice perché quasi tutti i tipi di legno vanno bene purché senza nodi perché potrebbero rompersi nel momento del carico di miele che appesantirà la barretta stessa durante lo sviluppo della famiglia. È il pezzo più difficile da realizzare perché in ragione delle piccole dimensioni, ci espone più frequentemente all'infortunio.

In tutti i casi, ma specialmente con il taglio delle barrette, i pezzi da tagliare devono essere spinti verso la lama **sempre con degli spingitoi in legno**. Non pensiate che la sicurezza e la dimestichezza che provate vi mettano al riparo. È buona norma acquistare dei guanti a maglia d'acciaio e allontanare le mani dal taglio, preparando anche per conto proprio gli spessori con soluzioni personalizzate.

Le barrette misurano 9x24x315 mm e possono anche essere acquistate online (le meno costose finora le ho trovate in Francia). Il loro costo è irrisorio e viceversa la loro preparazione, date le misure ridotte, è abbastanza difficoltosa e pericolosa. Anche se avete dimestichezza con i lavori in legno è consigliabile comprarle già tagliate: essendo i pezzi più numerosi e destinati a frequenti cambi, fabbricarle da soli implica tempo e molta attenzione. A voi la scelta... anche se allevare api in un'arnia **completamente** autocostruita è particolarmente appagante e qualsiasi legno riciclato, ben stagionato e robusto, si presta bene allo scopo.

In Francia le arnie Warré vengono utilizzate anche e soprattutto con i telai e i fogli cerei, molti professionisti hanno optato per questa scelta. Ma un allevatore di api di ritorno dalla Dadant, come me, non vorrebbe ricadere nell'apicoltura a "telai".

Negli ultimi anni l'apicoltura ha visto crescere significativamente la mortalità delle famiglie. L'incidenza sempre più virale di varroa (con tutte le complicazioni collegate, virosi ecc.), il peggioramento delle condizioni ambientali e il conseguente cambiamento climatico hanno determinato questo incremento, provocando non solo un danno diretto agli apicoltori, ma anche la necessità di lavoro aggiuntivo per la distruzione o il recupero dei telai e per la bonifica delle arnie.

L'arnia Warré non rappresenta la soluzione di tutti i mali che affliggono l'apicoltura, ma dal punto di vista gestionale le cose vengono grandemente semplificate, basti pensare alla possibilità di ricollocare un elemento singolo. Per rendere nuovamente fruibile un'arnia basta tagliare i favi e avviarli o al torchio o alla sceratrice solare, una volta grattata la cera e la propoli dall'interno useremo un bruciatore a gas gpl per sterilizzare e ripulire. Il fuoco si può passare anche esternamente e, una volta tolte le barrette, si possono sostituire con 8 barrette nuove. Personalmente preferisco sostituirle, ma è possibile grattare e passare alla fiamma anche le vecchie barrette; le api del resto manifestano una predilezione per il legno bruciato.

Per sistemare le barrette nell'elemento eseguiamo due operazioni semplici ma indispensabili:

- la **colatura** della cera d'api sulle barrette (come avvio per la costruzione dei favi);
- la **spaziatura** delle stesse all'interno dell'elemento e il loro successivo fissaggio con dei chiodini (vedi il paragrafo successivo "Montaggio delle barrette").

La pentola più piccola viene inserita nella grande.

Per ottenere la cera fusa mi sono procurato un fornelletto elettrico e due pentole che si possano inserire l'una nell'altra con uno spazio sufficiente a far passare il vapore (e non creare una pentola a pressione). Mettiamo dell'acqua nella pentola inferiore, più capiente, nell'altra la cera da fondere e una piccola griglia in ferro (rete da polli o qualsiasi altra cosa) che servirà da appoggio per il cucchiaio della cera. Questo sistema a bagnomaria permette di ottenere in poco tempo cera a sufficienza per ricoprire centinaia di barrette.

L'ultimo pezzo che ci occorre è una dima per far gocciolare e solidificare la cera proprio nel centro della barretta. Appoggiando la dima a coprire metà della barretta, farete colare la cera lungo l'angolo creato dai due pezzi di legno.

Questa **dima** può essere ottenuta da un qualsiasi pezzo di legno di scarto. È importante che, durante la colatura, la dima ven-

La cera sciolta con la griglia e il cucchiaio piegato.

La dima è posizionata sulla barretta.

La cera scorre sulla dima inclinata.

Barrette pronte per il fissaggio.

Lo sciame costruisce l'ossatura di cera.

ga inzuppata frequentemente nell'acqua saponata, allo scopo di impedire alla cera di aderire alla dima e di rimanere invece "incollata" alla nostra barretta.
Naturalmente occorrono alcune prove per prendere dimestichezza con questa operazione, specialmente perché il movimento della mano con cui si tengono dima e barretta sia efficace: inclinando leggermente la dima si fa scorrere la cera dall'estremo in alto verso il basso e tornando in posizione orizzontale al momento giusto la si blocca e si lascia solidificare.
Il filo di cera sulla barretta permetterà alle api di costruire i favi liberamente senza dover rispettare le misure date dai telai e dai fogli cerei stampati dell'apicoltura cosidetta "razionale", quella cioè che prende l'avvio dal testo "Dadant system of beekeeping" di Charles Dadant, pubblicato nel 1920.

A differenza delle barrette di Warré, il metodo Dadant si basa sull'utilizzo del foglio cereo. A partire dalla seconda metà dell'800 si affina la produzione di fogli per laminazione (facendo scorrere la cera attraverso due rulli) e per fusione (chiudendo la cera fusa tra due stampi a libro). La misura delle cellette diviene fissa, e da questo momento ogni sciame selvatico allevato in favi così prodotti darà origine ad api con le stesse dimensioni. Questa assenza di variabilità morfologica si è protratta per tutto il '900 fino ai giorni nostri.
All'inizio della mia attività, le api che raccoglievo nel bosco erano più piccole di quelle che avrei allevato nelle mie arnie Dadant. Le api selvatiche si riproducono infatti in favi vecchi, che con il passare degli anni e delle covate (nessuno negli alberi e negli anfratti li sostituiva) diminuivano il lume della cella, che divenendo più stretta per via degli strati di esuvie e di propoli, dava origine ad api morfologicamente più piccole.
Variando gli spessori, oltre che le dimensioni, l'habitat interno dell'arnia cambia e assume una conformazione libera che viene solo in parte decisa dall'apicoltore. Egli può fornire dei "suggerimenti" che però verranno sempre e comunque "interpretati" dalle api.

Favo Warré senza foglio cereo né telaio.

Telaio Dadant con foglio cereo prestampato].

Diversità di forme, spessori e propoli.

Le barrette lasciano libero lo spazio per l'accrescimento simultaneo dell'ossatura dell'organismo "famiglia d'api"; la costruzione dei favi, contrariamente a quanto si crede, è veloce e poco dispendiosa, in annate normali; uno sciame vigoroso riempirà in pochi giorni l'elemento messo a disposizione dall'apicoltore.

Sebbene non si utilizzino telai standard, l'arnia Warré **non è un bugno rustico**: tutti i favi liberamente costruiti sono sempre e comunque asportabili e controllabili a ogni ispezione (vedi paragrafo "Ispezione dei favi di covata"), ciò rende l'arnia pienamente legale e inserita nell'apicoltura razionale.

Montaggio delle barrette

Le barrette sono in numero di otto perché Warré, nella sua osservazione pluridecennale delle api selvatiche, aveva notato che quegli sciami costruivano in larghissima maggioranza su otto favi. Da quando sono venuto a conoscenza di questa sua constatazione, contando i favi delle famiglie lasciate libere di costruire nelle più diverse ubicazioni e riguardando le foto di famiglie messe in arnia negli anni passati, effettivamente questa **regola** si è rilevata vera nella maggioranza dei casi.

Molti professionisti in questi ultimi anni si sono convertiti alle arnie Dadant da otto telai. Più veloci ad andare a melario e più maneggevoli. Le loro considerazioni non si discostano da quelle di Warré: i favi laterali delle arnie da dieci tendono a essere abbandonati, famiglie forti possono anche morire di fame pur avendo scorte laterali. Il prelato infatti in varie occasioni aveva ribadito che le api sono capaci di spostarsi in direzione alto-basso nel glomere di inverno, ma che hanno molta difficoltà a spostarsi nella direzione destra-sinistra e viceversa.

La struttura delle arnie Warré, somigliando molto a un tronco d'albero, aiuta questo movimento naturale delle api.

Le barrette possono essere assemblate utilizzando dei distanziatori da 10 telai Dadant opportunamente tagliati a misura con delle forbici da lattoniere. Il loro utilizzo determina un interasse fra i favi di **38 mm** (Warré, che distanziava le barrette di 12 mm, preferiva **36 mm**). I lamierini Warré già pronti possono essere ordinati solo all'estero perché non vengono ancora commercializzati in Italia.

Un inconveniente delle componenti metalliche nell'alveare è rappresentato dal progressivo arrugginimento dei lamierini, al momento di una eventuale disinfezione con l'anidride solforosa (la bruciatura dei dischetti di zolfo per combattere la tarma della cera). In caso di trattamento con acido formico, si può arrivare anche alla loro rottura.

Potete altrimenti distanziare le barrette inserendo fra una e l'altra, all'atto dell'inchiodatura, degli spessori di legno tagliati a 12 mm e della stessa lunghezza delle barrette. Il montaggio dei distanziatori permetterà la chiodatura successiva rispettando le misure dello spazio d'ape tra un favo e l'altro. Io uso una sparachiodi manuale e, una volta distanziati, blocco le barrette con un colpo deciso. I chiodini sono fini e si prestano

I lamierini distanziatori Dadant modificati.

Le barrette disposte dalla dima.

Le barrette dopo la chiodatura e la dima tolta.

bene a penetrare il legno senza spaccarlo.
Per prova ho preparato anche dei distanziatori rifacendomi alle misure riportate dai testi antichi, specialmente francesi, che riferivano di una larghezza di favo media di 30 mm, con una distanza fra i favi (sempre calcolando la media) intorno a 10 mm.
Con l'esperienza probabilmente (visto che comunque le barrette verranno rese solidali con l'elemento) anche i distanziatori si possono rivelare superflui. Sarà sufficiente costruire una dima di assemblaggio barrette che ci permetta la chiodatura, risparmiando anche l'acquisto e la modifica dei distanziatori.

Non voglio complicare le cose, ma ultimamente, specialmente con lo spazio Mussi[1], ci siamo molto allontanati dalle osservazioni degli apicoltori che ci hanno preceduto e, senza avere la minima intenzione di suscitare polemiche, probabilmente la distanza ottimale è ben lungi dall'essere stata "trovata".
Potete trovare molti approfondimenti sulla distanza delle barrette e dei favi analizzando e studiando le arnie in Permacultura di Oscar Perone descritte nel libro "La rivoluzione dell'alveare" di Mauro Grasso.
Alla lunga la chiodatura delle barrette potrebbe rovinare la scanalatura, a forza di inchiodare e schiodare con il passare degli anni. Per limitare i danni è possibile utilizzare chiodini da battiscopa: sono talmente simili a spilli che non possono danneggiare eccessivamente il legno. Al momento dell'inchiodatura è opportuno utilizzare degli occhiali per proteggersi soprattutto dalle schegge.
I distanziatori rendono possibile qualche manipolazione dei favi nell'elemento. Dove

1. La modifica più importante generata dallo Spazio Mussi (brevet.) è l'aumento dello spazio interfavo che passa da 38,5 mm a 45 mm, in funzione anti-varroa. http://apicolturainpratica.blogspot.it/2010/12/apicoltura-spaziomussi-istruzioni.html

Il risultato finale, con le barrette cerate e inchiodate.

sono assenti, anche se a priori le stesse operazioni sono fattibili, è possibile avere qualche difficoltà in più nell'estrazione dei telai. In seguito tratteremo più diffusamente di queste operazioni che riguardano l'allevamento delle regine e l'utilizzo dell'elemento come melario, ma possiamo già qui fare qualche accenno.

Considerato che questo tipo di arnia "cresce" inserendo elementi sempre dal basso, se, durante un intenso flusso nettarifero, inserissimo un elemento vuoto al di sopra (per riuscire a cogliere l'esuberanza della fioritura), le api costruirebbero partendo dal basso verso l'alto (hanno paura dello spazio vuoto superiore) e i favi verrebbero costruiti sghembi e senza regola, comportando una situazione ingestibile, in cui è molto facile rompere i favi durante le visite. Per ovviare a questo possiamo offrire (ponendo un elemento vuoto "melario" sopra la famiglia) delle **scale**, dei vecchi favi o dei pezzi di foglio cereo in posizione centrale, in misura di due al massimo, che serviranno alle api per colonizzare lo spazio superiore; mantenendo la spaziatura regolare e favorendo il nostro lavoro.

Se avete conservato i **regoli** avanzati dal taglio delle scanalature potete utilizzarli per la preparazione delle scale. Le api utilizzeranno questi abbozzi a garanzia di costru-

Scale con giornale e "piolini" per barrette.

La semplice struttura del telaino "scala" e il telaio montato con foglio cereo.

zioni dritte e omogenee; questi, per una maggiore percentuale di riuscita, vanno posti nel centro dell'elemento vuoto intervallate da una barretta.
Potete utilizzare il normale fil di ferro da telaini per apicoltura, ma è ugualmente funzionale, previa stiratura, anche quello da muratori per costruire le gabbie da gettata in ferro. Per inserirlo nel foglio cereo basta utilizzare un carica batterie per auto; si appoggia il foglio cereo sul filo e poi si toccano i suoi estremi con il polo positivo e con quello negativo. Un po' di cera fusa può essere colata lungo tutta la traversa superiore e lungo il punto d'attacco della barretta.
Con il passare del tempo e con i favi usati che vi resteranno, potrete preparare delle "scale" naturali, semplicemente alternando nei nuovi elementi dei favi già costruiti, che devono provenire però esclusivamente da arnie sane.
Le arnie che hanno ospitato famiglie morte di varroa dopo poche settimane possono essere completamente riutilizzate.

Le maniglie

Il posizionamento delle maniglie ci aiuterà nella manipolazione e sollevamento degli elementi.
Le maniglie, nell'ottica del recupero del legno di scarto, non hanno delle misure precise. Dei quadrotti di sezione 3x3 cm sono ottimali, se poi con una pialletta a mano smussiamo gli angoli vivi renderemo più facile e sicura la presa dell'elemento, che in caso di uso come melario, può raggiungere il peso di 18 kg.
La lunghezza può essere quella dell'intero lato dell'elemento o leggermente più corta. In ogni caso le maniglie si fissano con i chiodi infilati a 7 cm dal bordo in alto.

Elementi con maniglie laterali lunghe.

Elementi con maniglie parziali.

Applicazione delle maniglie (sistema davanti/dietro).

Altri elementi dell'arnia

Il tetto, il fondo, il coprifavo, i nutritori, il plateau Barasc, l'apiscampo, sono gli altri elementi che servono per la gestione di un'arnia.

Ogni elemento riveste una o più funzioni, all'interno dell'allevamento, e scegliere di costruirlo in un modo invece di un altro, di assemblarlo con determinati materiali al posto di altri, ci darà la possibilità di ampliare le operazioni d'apicoltura su un'arnia che viene, a torto, considerata "primitiva" e "arcaica" da molti professionisti.

Il tetto

Le arnie Warré in commercio hanno diverse tipologie di tetto: quello canonico, voluto dall'ideatore dell'arnia, è un tetto autoventilante appoggiato a un riquadro di legno chiuso con della iuta.

Arnia Warré con tetto piano e fondo semplice a tutta apertura.

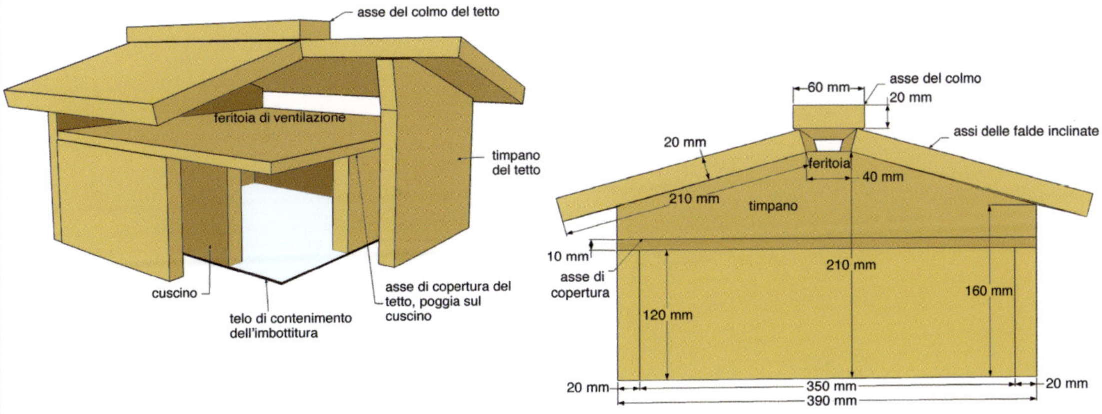

Fig. 8. Il tetto (© Montaonda).
Il modello mostrato nell'illustrazione è il più complesso dei due tetti proposti da Warré. Presenta una cavità ventilata immediatamente sotto la superficie superiore che serve a dissipare il calore. Al suo interno presenta un'asse di copertura che poggia sopra il cuscino. Nell'esempio proposto nel disegno è stato utilizzato legno di 20 mm, ma anche uno spessore di 13 mm sarebbe perfettamente adeguato, con il vantaggio di avere un tetto più leggero.

Il riquadro viene chiamato "cuscino" ed è in contatto con la sommità degli elementi, anch'essi chiusi con della iuta; la possibilità di calibrare la ventilazione è lasciata alle api che possono gestirla chiudendo o riaprendo le trame di tessuto sigillate dalla propoli. Nei climi scarsamente umidi e freddi il lavoro in più per costruire il tetto e il cuscino può essere risparmiato.
Per il lavoro negli alveari il tetto piano è, però, da preferirsi, per una serie di motivi pratici. In caso di spostamento è sufficiente chiudere il tutto con un nastro a cricchetto, le arnie possono essere impilate e ognuna diviene un piano d'appoggio.

Il fondo

Il modello proposto da Warré, nel suo libro "L'apicoltura per tutti", molto prima che la varroa diventasse endemica, sposava la semplicità di realizzazione con la possibilità di avere un'entrata delle arnie che fosse veramente a prova di pioggia. Nelle arnie che ho realizzato ho visto effettivamente la buona riuscita in termini di resistenza ai forti acquazzoni, che sembrano diventare, in questi ultimi anni, la costante del cambiamento climatico.
Oggi abbiamo esigenze abbastanza diverse. Le arnie vengono vendute tutte con il cosiddetto fondo anti-varroa, anche se il termine è sbagliato dal punto di vista lessicale: la definizione giusta è **fondo diagnostico** per la varroa. E anche questo dà un'immagine parziale.
Le carenze sorte dall'utilizzo di un fondo standard sono sostanzialmente due: non si vedono le varroe cadute e non si può valutare la forza della famiglia dai residui che cadono dall'alto attraverso la griglia, residui che possono offrirci indicazioni preziose sullo stato di salute della colonia.

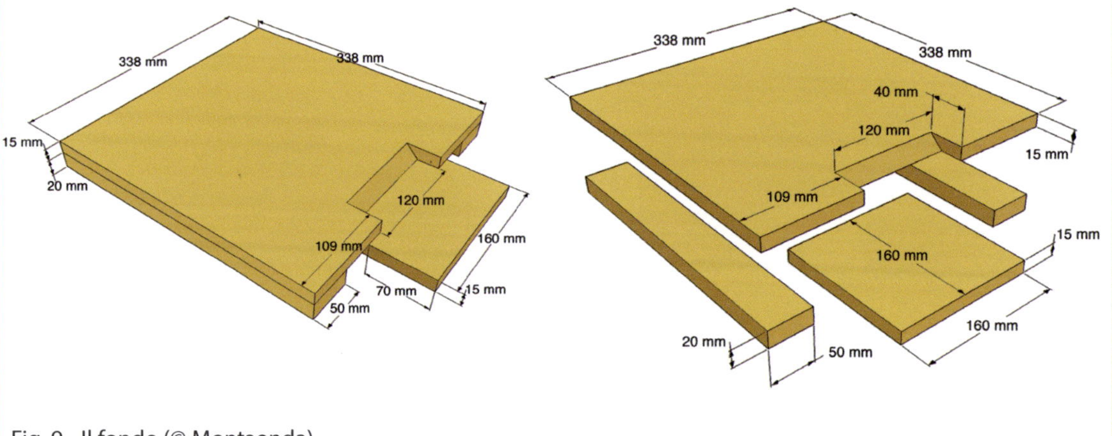

Fig. 9 - Il fondo (© Montaonda).
Per il fondo Warré raccomandava 15 - 20 mm di spessore, e non dava indicazioni sullo spessore delle assicelle sotto di esso. La tacca inclinata incisa nel fondo serve come ingresso, e misura 40 mm di profondità. Se si preferisce il predellino di volo può arrivare fino al termine posteriore del fondo, per dare a quest'ultimo maggiore rigidità. Per favorire il drenaggio dell'acqua piovana Warré aveva adottato l'accortezza di un fondo più stretto di 2 mm in entrambe le misure orizzontali rispetto al modulo.

Uno dei possibili fondi adattato con griglia per il test della varroa.

Il fondo Warré standard.

Numerosi sono invece i vantaggi derivanti dall'impiego del fondo grigliato, poiché dall'osservazione dei vari detriti che si raccolgono sulla lamiera alla sua base è possibile rilevare: su quanti telai è la famiglia (dai residui scuri e "freschi"); se è stata oggetto di saccheggio; se ha costruito degli anelli riduttori di propoli (si vede dal cambio di colore) e quindi non ha bisogno d'areazione dal basso; se sta raccogliendo polline (dalle palline cadute sul fondo); se è sotto attacco da parte della covata calcificata, delle tarme della cera o di altre avversità.
Considerate anche che ponendo del cartone alveolato al di sotto della griglia è possibile diagnosticare l'infestazione di *Aethina tumida* che com'è noto predilige questo tipo di riparo.
Vediamo quali possono essere i pro e i contro dei vari tipi di fondo a disposizione.
La griglia aiuta a diagnosticare, ma si allontana dalla tendenza naturale delle api a insediarsi nelle cavità in alto, lasciando i detriti in fondo, chiudendo ermeticamente tutte le aperture sino a rendere lo spazio completamente sigillato.
Il fondo canonico Warré non aiuta nel prevenire le intrusioni dei topi di campagna, è ottimo invece nelle fumigazioni di acido ossalico per l'abbattimento della varroa; è comodo nel nomadismo perché essendo costruito con pezzi solidi è facile da stringere con cinghie a cricchetto.
La soluzione ideale deve inoltre tener conto, non solo del tipo di allevamento, ma anche dell'ubicazione dell'apiario. Postazioni a ridosso del mare perdonano la maggior parte di spifferi e di chiusure difettose. Cosa che sicuramente la montagna non ammette.

Il cuscino

Chi dovesse obiettare che il fondo Warré tale e quale non ha possibilità di modificare l'areazione avrebbe fatto una giusta valutazione. In realtà Warré aveva previsto un ulteriore elemento vuoto, il cosiddetto "cuscino" collocato appena sotto il tetto per permettere una corretta areazione dell'arnia, cosa che invece noi non utilizziamo e che non prevediamo di inserire nelle nostre arnie.
Questo non per spregio all'inventore, ma per la constatazione personale che, alle nostre latitudini, un pezzo aggiuntivo pieno di foglie o di segatura, chiuso con della iuta, a diretto contatto con le api, comporta qual-

che serio inconveniente: le formiche, ogni altro tipo di insetto che cerca riparo, le api che masticano il tessuto, un pezzo in più da gestire, la costruzione di un tetto spiovente che, oltre a richiedere molto più materiale e spese, non permette di lavorare con le arnie appoggiandosi sui tetti piani.

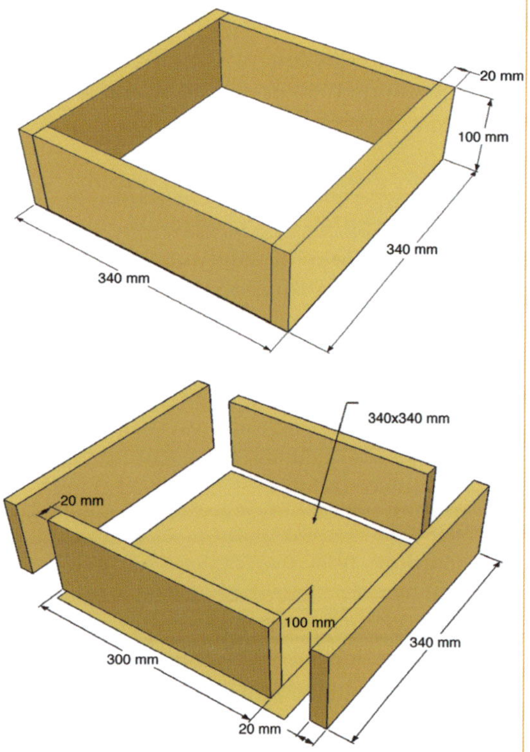

Fig. 10 - Il cuscino (© Montaonda).
Il cuscino di Warré è quadrato e misura 335 mm. Lo spessore delle pareti del cuscino dovrebbe essere di soli 10 mm, poiché non ha da sostenere altro che il tetto. L'isolante vegetale al suo interno può essere paglia tritata, segatura, foglie secche, carta sminuzzata o altro materiale isolante naturale.

Un po' in controtendenza ho deciso di non utilizzare questi due pezzi, Warré non me ne voglia, anche perché, per ottimizzare l'areazione e "creare" nuovi ingressi e prese d'aria nelle arnie ho sposato la soluzione di Gilles Denis, di usare, cioè, delle **zeppe** da inserire tra gli elementi.
Le zeppe servono poi, all'atto della visita, per tenere sollevato l'elemento e controllare attraverso lo spiraglio se vi siano costruzioni da rimuovere fra i due elementi (possibilità rara ma non impossibile durante i periodi di grande flusso nettarifero). Una

L'elemento elimina umidità di Warré.

La juta sul fondo dell'elemento.

Arnia con zeppa per la ventilazione.

volta inserita la leva e alzato l'elemento inserisco la zeppa e sollevo l'altro lato, molte volte inserisco una seconda zeppa per visionare l'effettivo sviluppo della famiglia (quante barrette hanno occupato); nel caso le api abbiano bloccato qualche favo si introduce o un coltello lungo e affilato o un pezzo di filo di ferro per recidere i pezzi di cera.
Per chi è abituato alle Dadant questa può sembrare un'operazione cruenta, ma le api nonostante i "tagli" sono capaci in una sola notte di pulire e ripristinare tutto. Con le arnie Warré queste piccole operazioni di aggiustamento verranno a far parte del metodo e non comporteranno nessun problema, cambieremo noi il nostro approccio al nido e diventeremo più sensibili verso i nostri insetti.
La conformazione del fondo e il suo utilizzo incide anche sulla prima raccolta di prodotti dell'alveare come il polline (vedi capitolo 7). Chiunque abbia una famiglia d'api può, per brevi periodi e con particolari attrezzature raccoglierne quotidianamente una piccola quantità.

Il coprifavo

Anche per il coprifavo troviamo opinioni e approcci diversi, come per tutte le attività umane. Warré considerava lo scambio termico e quindi la **permeabilità** dell'arnia come fattore fondamentale del mantenimento dell'atmosfera ottimale per la famiglia d'api. La mia esperienza è diversa. Quando ho iniziato a occuparmi di api gli apicoltori anziani ai quali mi sono rivolto consideravano l'ambiente dove la famiglia si sviluppava in modo esattamente opposto: i miei maestri ottocenteschi (uno era

nato nel 1898!) tenevano le arnie e i bugni rustici il più possibile isolati dall'esterno e conseguentemente dallo scambio gassoso. La plastica era la materia più utilizzata per sigillare le famiglie dal coprifavo.
In effetti, l'osservazione attenta del comportamento delle api selvatiche rileva che, qualsiasi sia la cavità trovata, le api tendono a chiudersi e a mantenere (all'infuori di alcuni fori per il transito e l'areazione) un ambiente stagno nel quale vivere. Questo concetto tradotto in tedesco con la parola *Nestduftwärmebindung* (ritenzione dell'odore del nido) e in inglese come *nest scent*, veniva concepito dall'apicoltore austriaco Johann Thür (1946) con queste parole:
"*...in funzione di utilizzare efficientemente questo costante tepore, che aiuta e dona la vita, la natura ha fornito all'ape una colonia e favi di un super organismo che riesce a mantenere internamente il calore. Questo calore trattenuto è una massa di aria calda, impregnata di odore e libera di germi, che sopprime l'attività dei batteri dannosi inizio di ogni malattia. L'aria calda non viene perduta in basso in ragione della sua leggerezza. È mantenuta ai lati e in alto per mezzo di un cul-de-sac nei favi costruiti naturalmente. Solo l'aria utilizzata per la respirazione gocciola in basso caricata di anidride carbonica, e nel fondo aperto ai margini dei favi si scambia con la circolazione di aria fresca. Questa apertura dei favi in basso può essere considerata come la bocca in un processo respiratorio centrale che, con l'aiuto delle api, chiudendo ai margini, apporta la giusta quantità di aria fresca e previene biologicamente l'eccessiva penetrazione di aria fredda.*"[2]

La ritenzione dell'odore del nido, l'aria del nido, è alla base di molte antiche pratiche mediche di apiterapia. Il paziente inala l'atmosfera dell'alveare con le stesse tecniche dell'aereosol, due sostanze costantemente presenti sono l'acido formico e l'acido acetico, entrambi hanno proprietà antibatteriche, e l'acido formico viene utilizzato anche come acaricida.
Si ritrovano inoltre i lactobacilli utilizzati nella fermentazione del polline e nella distruzione dei patogeni della covata, la propoli sotto forma di vapore e particolati, gli olii essenziali del nettare, acidi fenolici ed esteri, flavonoidi con proprietà antisettiche.

Coprifavo in plastica spessa con bordi rinforzati.

Il foglio di plastica deve essere rimosso lentamente.

2. Traduzione di Nicola Savio, da una traduzione inglese di David Heaf.

Abbiamo dovuto aspettare il 1959 per vedere coniata la parola "feromone", ma ci sono almeno 15 ghiandole all'interno di un ape che li secernono. Attualmente almeno cinquanta composti di questo tipo sono conosciuti per avere una funzione essenziale all'interno della società delle api.
Sulla base di queste considerazioni, ritengo che le nostre arnie debbano avere dei dispositivi che contrastino la perdita di "atmosfera della famiglia", dell'aria del nido. Ho sperimentato con buoni risultati la chiusura con coprifavi di fogli di plastica robusta, che per i primi anni permettono la valutazione della famiglia solo togliendo il coperchio in legno multistrato, e che poi, successivamente, vengono sformati dal calore e dalla propoli e devono essere sostituiti. La plastica utilizzata può essere anche non trasparente e riciclata, da sacchi che abbiano contenuto materiali e prodotti non nocivi, possono essere sagomati con un taglierino utilizzando l'elemento come guida. È comunque opportuno mettere sulla plastica un foglio di legno multistrato, per l'isolamento termico e la resistenza meccanica. Quindi un buon coprifavo è formato da due componenti: foglio di plastica e pannello rigido di legno per l'isolamento termico e per la tenuta meccanica.
Nell'immagine seguente si vede bene che un semplice foglio di plastica (rinforzato con nastro di carta) può essere utile per valutare, anche in inverno, la situazione sanitaria della famiglia.
Nell'aprire e sollevare la plastica è d'obbligo la calma: tirando lentamente e approfittando di un po' di sole che scaldi la propoli depositata dalle api l'operazione non ostacola le normali occupazioni della famiglia.
Il più delle volte la rimozione della plastica suscita solo della curiosità da parte delle nostre api. Normalmente l'ispezione della famiglia si fa staccando l'elemento e disponendolo con i favi verticali appoggiandolo su un tetto piano di un'arnia vicina.

Elemento appoggiato sul tetto piano con i favi da sfogliare a libro.

In mancanza di arnie vicine o per sveltire i controlli si può appoggiare l'elemento sugli altri componenti dell'arnia, controllando la famiglia divaricando i favi e controllando le cellette. Non rimuovendo la copertura non avremo dispersione di calore.
Nell'immagine la posizione è preparatoria al distacco con la leva dei ponti laterali dei favi, per una loro successiva rimozione, solo dopo aver rimesso l'elemento in piano. Si alza, si stacca, si adagia e si estrae. Questa sequenza deve essere sempre rispettata per via della relativa fragilità dei favi rispetto ai telai di legno.
È evidente, anche per i concetti espressi prima, che la completa apertura dell'arnia va effettuata solamente in quei casi che prevedano un'ispezione più approfondita. È bandita la semplice curiosità (specialmente quella classica e ripetitiva dei neofiti) e vanno approfondite invece le ispezioni sanitarie e/o quelle per il controllo della deposizione della regina.

Particolare del nutritore fai da te con candito.

Un nutritore per grandi quantità di sciroppo.

Il sollevamento e l'ispezione dei telai possono essere resi obbligatori durante un'ispezione sanitaria degli organi preposti.

Il nutritore

L'impiego del nutritore è una questione abbastanza controversa. Prima di affrontarla è dunque meglio chiarire gli utilizzi e gli scopi della nutrizione artificiale. Da tempi immemorabili, su tutti i libri di apicoltura, sono state presentati due tipi di occasioni di nutrizione: quella per bisogno e quella stimolante. La nutrizione stimolante si effettua preparando uno sciroppo con percentuali 1:1 di acqua e zucchero bianco, riscaldando la soluzione finchè si chiarifica. Per l'uso come alimento di supporto si somministra, invece, il candito che ha un effetto meno euforizzante. Gli elementi sono gli stessi ma nella preparazione del candito si utilizza lo zucchero a velo aggiungendo acqua a freddo fino ad ottenere una consistenza pastosa.

La **nutrizione per bisogno**, o di emergenza, è riportata anche sul libro di Columella, è una soluzione estrema di aiuto alle api dopo un anno pessimo o vicissitudini che abbiano portato la famiglia al di sotto delle scorte minime per sopravvivere. Le api usano gli zuccheri per mantenere l'omeotermia all'interno dell'alveare, comportandosi come un organismo a sangue caldo, "bruciando" miele per produrre calore, per poter superare gli inverni rigidi. Se il combustibile viene a mancare non è più possibile per le api compiere quel movimento vibratorio dei muscoli pettorali che produce il calore necessario e la famiglia può anche morire di freddo. Questo tipo di somministrazione

Il quadrato in legno per la nutrizione e altre attività.

di zuccheri è quindi, in determinate circostanze, una pratica positiva.
La **nutrizione stimolante** ha preso negli ultimi anni un indirizzo, determinato per lo più dalle grosse aziende professionali, che tende a snaturare, per quantità e qualità, il rapporto delle nostre api con gli zuccheri-esca dei fiori. Per quanto mi riguarda la considero un veicolo importante per la somministrazione alle api di sostanze naturali, il succo di limone, la polvere d'aglio e altri preparati, che hanno dimostrato di avere una valenza curativa nelle parassitosi e nel controllo delle virosi e malattie batteriche.

La nutrizione, abbiamo visto, è materia complessa e vasta. Parlando dei componenti e mantenendo la coerenza dei presupposti di questo libro, considereremo comunque la nutrizione quale parte integrante della moderna apicoltura (lascio a voi la valutazione dell'aggettivo "moderna"), che può diventare cioè un puntello fondamentale dell'allevatore che svincola le api dall'andamento stagionale e che varia la qualità del prodotto finito (in basso). La nutrizione nelle arnie Warré (a meno che non abitiate all'altezza della Svizzera) è costume non accettato, per lo scollamento che provoca nei confronti del tempo meteorologico e per gli scompensi che ne derivano al metabolismo dei nostri insetti. Non va però demonizzata: per fare accettare una regina, per intervenire in casi gravi di malnutrizione (per eventi climatici, per malattie), per portare una famiglia alla soglia della sciamatura artificiale, una è pratica che può essere utilizzata con parsimonia e buon senso.

Una delle possibili configurazioni del plateau Barasc.

Un componente importante per sistemare il nutritore è il quadrato in legno, con le misure Warré, che serve da distanziatore tra il telo di plastica e il coprifavo in multistrato sotto il tetto in lamiera.
Questo semplice quadrato ci tornerà utile al momento della raccolta del miele, come intercapedine per agevolare il lavoro dell'apiscampo nel vuotare gli elementi dalle api.
Non occorrono grandi risorse per approntare un nutritore, sono sufficienti un piatto di plastica, del candito, il coprifavo in plastica con un taglio a finestrella e il gioco è fatto.

Il "plateau Barasc"

Un po' più complesso si presenta il "plateau Barasc", dal nome del suo inventore. In realtà G.M. Doolittle nel suo libro del 1905, presentava la griglia escludi-regina come un'innovazione destinata a cambiare la filosofia dell'allevamento delle api.
Il funzionamento è semplice: in una famiglia prossima alla sciamatura si prelevano parte dei telai (nella Gallup, l'arnia di Doolittle) o un elemento (nella Warré) e interponiamo una griglia che escluda le due sezioni che abbiamo creato artificialmente.
La sezione con la regina continuerà a svilupparsi al normale ritmo della famiglia, mentre quella senza regina inizierà l'allevamento di nuove madri (a partire dalle uova).

L'elemento di novità consiste nel fatto che queste due parti sono divise ma condividono le api operaie che passano da una sezione all'altra senza alcun impedimento. Se dopo un mese la nuova regina è feconda assistiamo alla nascita di una nuova entità familiare, se per vari motivi questo non avvenisse, la semplice rimozione della griglia riporterebbe la famiglia alle condizioni originarie.
Questo metodo è valido specialmente nelle divisioni effettuate per controllare la sciamatura che vengono fatte all'inizio della stagione apistica. Sono mesi nei quali un ritorno di freddo è sempre possibile, se dividessimo la famiglia in due parti, ciò potrebbe mettere a rischio quella lasciata orfana che faticherebbe a mantenere il calore sufficiente per la schiusa, raffreddando e uccidendo la covata.
Un dettaglio imprtante: il predellino di volo dell'elemento separato deve essere posizionato su un lato diverso rispetto a quello dell'entrata dell'arnia, in modo che la regina nuova appena fecondata, non sbagli sezione nel rientrare, rischiando di venire uccisa dalle operaie.
Ho sostituito la rete nella foto con un'altra

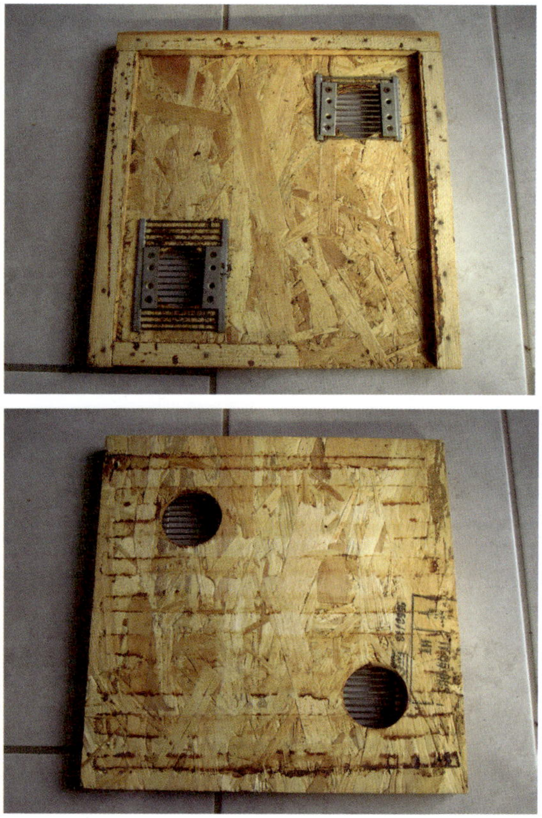

La griglia di contenimento della sciamatura utilizzata dall'autore.

Gli elementi sono stati aggiunti.

Il gatto Scritch aspetta le nuove regine.

Arnia con plateau Barasc inserito.

griglia, l'apertura così realizzata è comunque efficiente: quando le bottinatrici rientrano con il polline è il segno che la regina sta iniziando a deporre e tutto è finito bene. L'uso del plateau non è sinonimo di riuscita, il momento in cui operare la divisione dev'essere individuato in base all'osservazione del comportamento delle api: in presenza di formazione esterna di "barba di api" e/o con grossa importazione di polline (che rappresenta l'elemento esplodente della sciamatura) e grande movimento di bottinatrici, l'inserimento del divisorio può avere una percentuale di successo vicina all'80%.
Solo dopo un mese e dopo aver visto importare del polline nella nuova sezione si può parlare di riuscita, il tutto deve essere supportato da una visita accurata dell'elemento per appurare che vi sia la deposizione della regina. Vedremo nel capitolo sulla gestione della famiglia che, per sveltire le cose e disponendo di una regina (nostra o acquistata) è possibile liberare un elemento dalla regina madre e, dopo l'inserimento del Barasc, mettere una regina in gabbietta per sveltire la nascita di un nuovo nucleo.
Se la famiglia è particolarmente forte si possono inserire degli elementi vuoti per diminuire la pressione e aumentare il senso di orfanità nella famiglia, ma i migliori risultati vengono quando le aggiunte si fanno dopo che la nuova regina si è insediata e ha iniziato a deporre.

Questo metodo può essere utilizzato anche per condurre alveari con più regine. Padre Dugat, il secolo scorso, scriveva un libro sull'**alveare grattacielo**, un tipo di conduzione che effettivamente (sfruttando la forza di due o più regine) dà origine a un grande numero di bottinatrici e conseguentemente un buon raccolto.
Attualmente ho sperimentato solo arnie cooperative con due regine, e la sola controindicazione che ho riscontrato è l'altezza dell'arnia a regime. Con le Dadant due nidi sovrapposti mi hanno dato cinque melari pieni: con una pila così ci vuole una scala e il lavoro diventa molto macchinoso (stem-

perato dalla soddisfazione di aver prodotto molto miele in anni molto magri).

Capite bene che con le Warré, a sezione più piccola, la pila di elementi tende a essere molto instabile, e, a patto di ancorare bene la struttura, occorre molta attenzione specialmente nelle zone ventose.

La figura 11 mostra l'applicazione del principio di Dugat alle Warré. Si complica un poco l'aggiunta di elementi vuoti, che dovendo tassativamente essere aggiunti dal basso, comportano una extra movimentazione delle attrezzature.

La riga blu illustra il posizionamento del Barasc. Dal vetro, in questo caso molto utile per effettuare valutazioni sperimentali, si vede che la famiglia in basso ha ancora l'ultimo elemento da riempire, al contrario la famiglia superiore è già piena e per avere ulteriori costruzioni e prodotto dovremo aggiungere un elemento sopra il numero 1 (molto lavoro e molto miele).

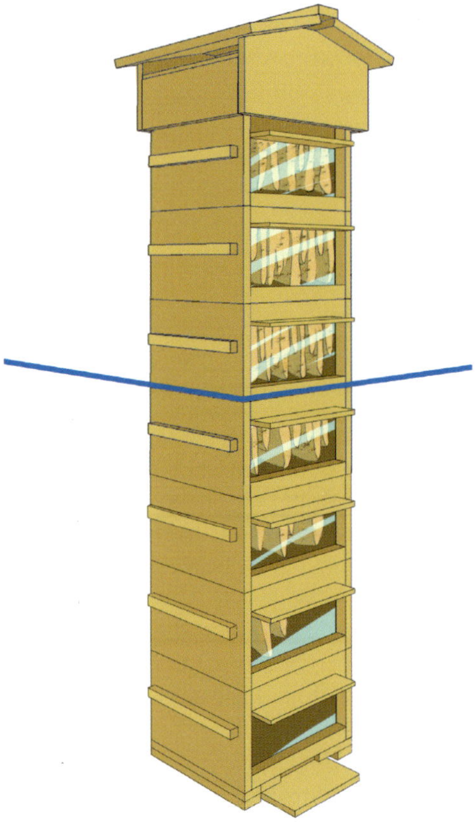

Fig. 11. L'arnia grattacielo declinata in Warré.

L'apiscampo

L'**apiscampo** è una tavoletta dotata di una griglia che permette alle api di passare solo in un senso. Viene inserita tra nido e melario per far uscire le api dagli elementi colmi di miele, che possono poi essere ritirati e trasportati in laboratorio per l'estrazione. Vista la conformazione dei favi all'interno delle arnie Warré, l'allontanamento forzato con i soffiatori d'aria (che si usano comunemente nelle arnie a telaio) mal si presta all'uso nei dedali costruiti liberamente dalle api. Una volta accertato che l'elemento è pieno di miele e non vi sono tracce di covata di nessun genere, la messa in opera della tavoletta apiscampo riesce in una notte a far migrare tutte le api dall'alto alla parte bassa dell'arnia, senza dar loro la possibilità di tornare indietro. Il giorno dopo si potrà passare a prelevare gli elementi pieni senza essere aggrediti e senza aver danneggiato minimamente i componenti della famiglia.

Un apicoltore che sceglie di non utilizzare il soffiatore né lo smielatore centrifugo elettrico e decide di usare un sollevatore manuale e una carretta per i trasporti rende questa gestione delle arnie veramente CO_2 FREE, e mi piaceva ancora una volta sottolinearlo.

L'apiscampo si interpone tra l'elemento o gli elementi che contengono la famiglia e quelli che contengono il miele da asportare. Le api, isolate dal grosso della famiglia e soprattutto dalla regina, scenderanno notte-

tempo per riunirsi alle altre. Il giorno dopo si potrà passare a togliere il miele avendo cura di ripristinare il volume della famiglia con un nuovo elemento vuoto, sistemato al di sotto, per permettere alla famiglia di reintegrare le scorte prima dell'inverno.
Il periodo di raccolta può variare da luglio a fine agosto ma, con queste arnie, una raccolta precoce dà la possibilità alle api di accumulare senza danni le scorte prima dell'arrivo della stagione fredda.

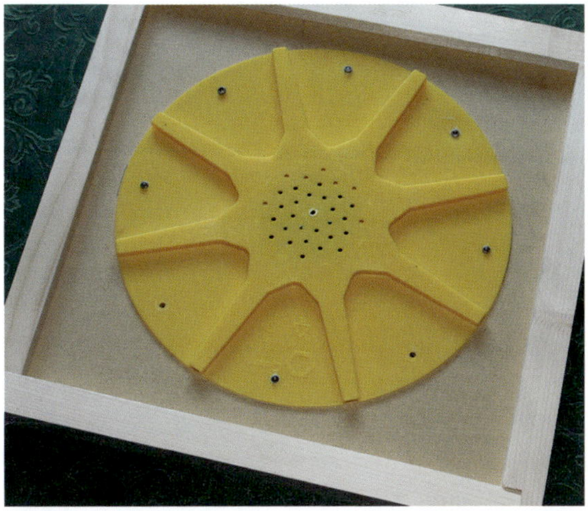

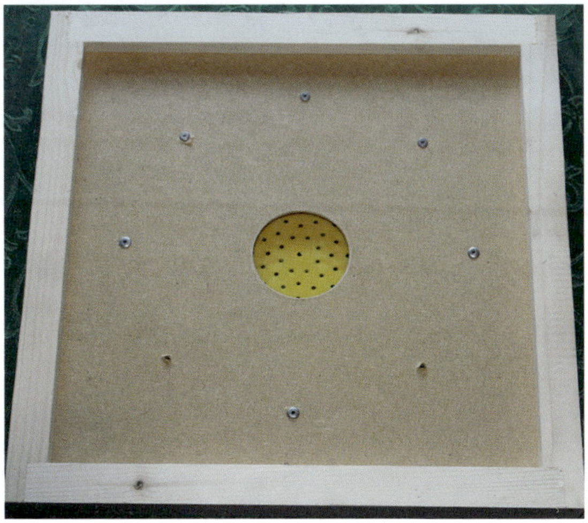

La faccia superiore (lato del melario) e inferiore (lato del nido) della tavoletta fuga-api.

Data l'irregolarità dei favi, l'uso dell'apiscampo risulta migliore se la cornice della tavoletta viene sollevata di qualche centimetro rispetto al piano. Alcuni modelli comprendono già in fase di costruzione questo miglioramento.
Ovviamente all'elemento privato delle api deve essere impedito l'accesso alle api esterne, pena lo svuotamento per saccheggio di tutto il miele.
Se un apicoltore proveniente dalla Dadant lo possedesse, potrebbe comunque usare il soffiatore, a patto che le costruzioni siano regolarmente spaziate e che la forza dell'aria sia tarata molto al di sotto di quella utilizzata di norma con i melari a telai; la mancanza del rinforzo in legno contribuisce a rendere più fragili i favi e un'azione potente, da parte dell'operatore, potrebbe avere come risultato la rottura dei favi colmi di miele.
Considerati il rumore e l'emissione di gas di scarico, l'impiego del soffiatore è giustificato solo in apiari collocati lontano dall'abitazione. Solo in questo caso il suo uso è razionale perché si evita di fare due viaggi all'apiario lontano, uno per mettere l'apiscampo e l'altro per raccogliere.
Ovviamente se poi, nonostante l'utilizzo del soffiatore, le api restassero comunque nel melario, dovrete ricontrollare che non ci sia covata e, nel caso di api particolarmente tenaci ad abbandonare i favi, si possono impilare gli elementi a non più di tre alla volta mettendo in cima un apiscampo al contrario, che faciliti cioè l'uscita delle api dalla pila. Ricordate sempre che le api vanno via nella direzione foro–uscite a tunnel, che va considerata come una valvola di non ritorno idraulica.

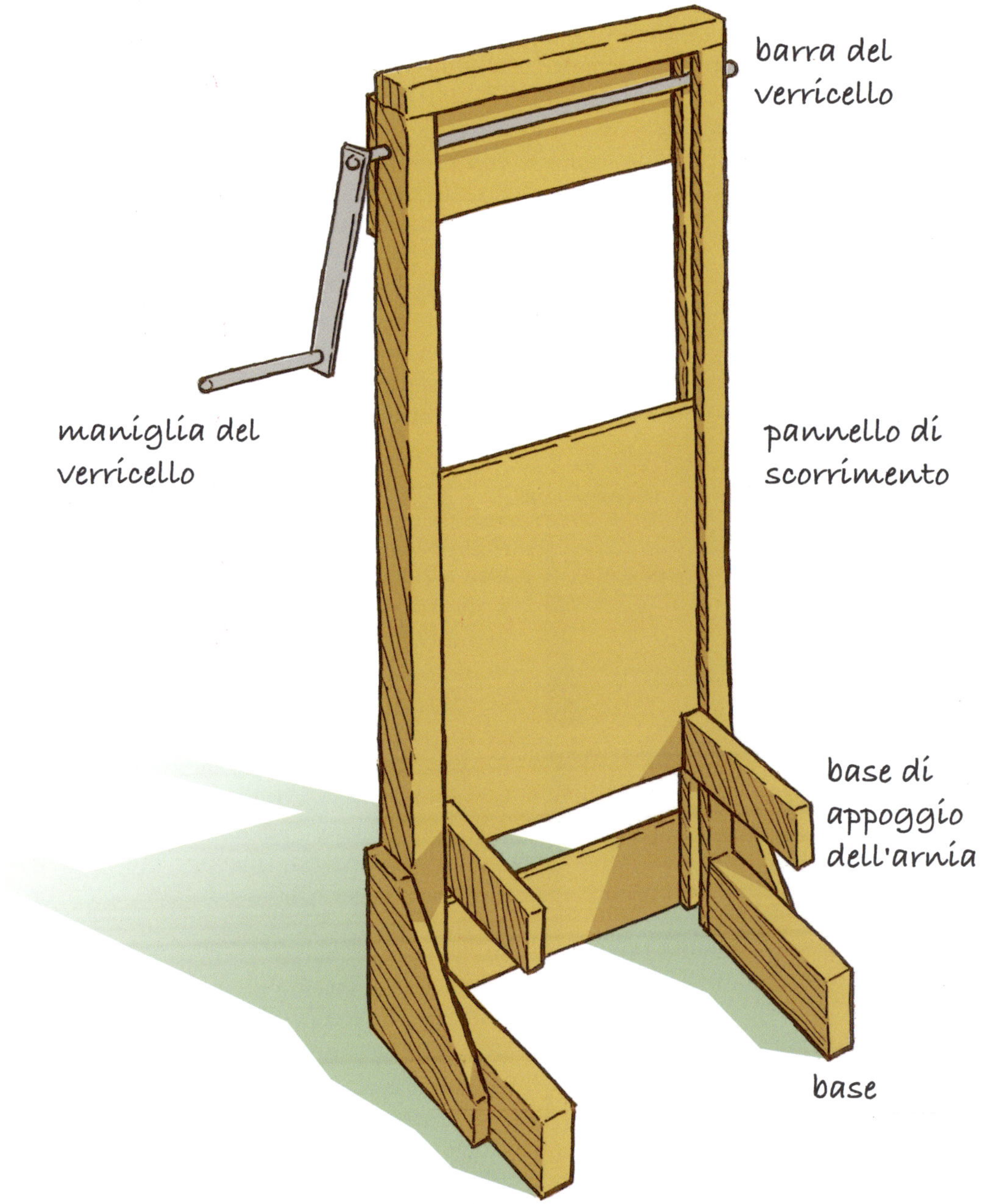

Fig. 12. L'elevatore e il suo funzionamento.

Movimentazione delle arnie

Un sollevatore autocostruito

I singoli elementi Warré possono essere sollevati anche da persone con ridotta capacità muscolare.

Durante lo svolgersi di un corso di apicoltura ho sottoposto tre ragazze alla prova di sollevamento di un melario Dadant. Nessuna è riuscita a sollevarlo (si trattava di un melario pieno...). E allo stesso modo persone anziane, apicoltori con forti problemi alla schiena o con disabilità difficilmente riuscirebbero nello stesso intento.

Il sollevatore autocostruito.

Ampliamo la gamma dei possibili apicoltori anche prendendo in considerazione l'utilizzo di un semplice elevatore autocostruito.

Gli elementi vengono aggiunti dal basso, questa operazione prevede il sollevamento di tutti quelli già posizionati e dato che la pila degli elementi può raggiungere le quattro unità, il lavoro, se eseguito a mano, implicherebbe un notevole dispendio di energia e di tempo (vedi anche capitolo 5).

Se, all'atto della preparazione dell'apiario, consideriamo la giusta distanza tra un'arnia e l'altra, mantenendo le arnie su dei supporti singoli, avremo già predisposto il nostro allevamento all'introduzione di routine dell'uso di un sollevatore.

La sua realizzazione si discosterà un poco dai semplici tagli e assemblaggio delle arnie, ma la sua realizzazione è comunque alla portata di tutti. Il primo a realizzarlo e a renderlo operativo nei suoi apiari è stato Marc Gatineau, un apicoltore professionista

Ingrandimento della maniglia con il blocco di rotazione.

francese adesso in pensione, che ha scritto un bellissimo libro d'apicoltura Warré (con i telai...) che vale veramente la pena di leggere. Io l'ho costruito partendo da legni e materiale di risulta.
Moltissime varianti sono state apportate, ma a prescindere da come vogliate realizzarlo e da quali siano le vostre capacità, dovete considerare che questo semplice strumento vi risparmierà molta fatica, ottimizzando i tempi, senza usare altra energia se non la vostra, e che sarà quasi indenne da guasti e malfunzionamenti che non siano riconducibili a come vi sentite voi nella giornata in cui lo utilizzerete.

Il principio è semplice: il tubo (azionato a mano) arrotola la corda che tira verso l'alto una piastra che scorre in una scanalatura nelle due travi lunghe. Il semplice avvolgersi della cima è sufficiente al sollevamento di quattro e più elementi. Il tubo è un semplice tubo idraulico tipo Mannesmann con due curve e un barilotto da 3/4 di pollice.
Bisogna inoltre prevedere due sistemi di blocco: uno per la posizione della maniglia (per lasciare a mezz'aria l'arnia) e uno alla fine del tubo (perché non si sfili dalla sua sede).
Per bloccare la maniglia ho fatto scorrere, in orizzontale sull'asse superiore, un pezzo di ferro all'interno di due occhielli inchiodati.
Per non far sfilare il tubo ho avvitato un tappo (più grande del foro) sulla parte finale che era filettata.
Si tratta comunque di un attrezzo utile alla movimentazione e al sollevamento, che si rende indispensabile ogni qualvolta vi siano problemi con i pesi. Un amatore che possieda esclusivamente l'apiario di casa e che sia in buona salute lo potrà ritenere superfluo, anche considerando la diminuzione di visite che queste arnie comportano.

La cinghia a cricchetto, molta forza con poca spesa.

Altri mezzi di movimentazione
Per svolgere la maggior parte delle operazioni che si effettuano in apiario (trasporto di nuovi elementi, trasporto del sollevatore, distribuzione di nutrimento di sostegno o di stimolo, raccolta di miele, allontanamento di arnie morte o malate ecc.) un valido sostegno può venire dalle **carrette a basso baricentro.**
Si possono ottenere dal recupero di vecchie biciclette, girando la forca anteriore in orizzontale e costruendo tutta la struttura. Oppure si possono realizzare copie di quelle in commercio o forme nuove e personalizzate.

Un altro elemento fondamentale per il nostro lavoro sarà la **cinghia a cricchetto**, che potrà essere acquistata per pochi euro e che ci permetterà, rendendo solidali tutte le varie componenti della Warré (tetto, coprifavo, elementi, fondo) gli spostamenti che si rendessero necessari sia per il nomadismo vero e proprio sia per le operazioni di incremento delle famiglie.

Personalmente utilizzo le cinghie da molti anni anche nel sistema Dadant, per il trasporto dei melari; il loro uso rende inutile tutta quella ferramenta che normalmente occorre per bloccare le parti delle arnie. Considerando che ogni movimentazione può interessare al massimo un apiario per volta (20-35 arnie), comprenderete come, con un numero esiguo di acquisti, si riesca a gestire l'intero parco alveari.
Altre considerazioni, tutt'altro che secondarie, devono essere fatte sulle manutenzioni, le rotture, gli impedimenti, che vengono dall'utilizzo della ferramenta standard. Ganci che si rompono o si impigliano ai vestiti o agli oggetti, pezzi che si perdono (cunei alla francese, chiusure a scatto ecc.) una volta resi inutili dal cricchetto finiscono nel vecchio detto di Henry Ford "cosa che non c'è non si rompe", che per noi è una buona norma. L'attività e l'esperienza spoglia le cose fino a ridurle al modello più semplice possibile: *non sunt multiplicanda entia sine necessitate*, non bisogna moltiplicare le cose se non è proprio necessario.

Carretta ottenuta riciclando una bici.

CAPITOLO 3

Altri tipi di arnie autocostruibili

L'arnia Top Bar orizzontale

Prima di utilizzare le Warré ho costruito e sperimentato, negli anni passati, le arnie africane oggi ribattezzate TBH (Top Bar Hive, "hive" significa "arnia"). Sono veramente delle arnie da giardino, e, se mi concedete il paragone, praticare l'apicoltura in questo tipo di arnie, è come coltivare fragole nel retro di casa.

Le arnie orizzontali, molto utilizzate nell'antichità, danno la possibilità di dividere la famiglia in due parti. La parte anteriore con la covata e quella posteriore con le scorte. Come gli antichi, anche noi oggi possiamo gestire i telai dal retro dell'arnia, togliendo quelli colmi di miele, senza infastidire le api all'entrata e senza alcuna struttura da aggiungere o togliere. Tutto ciò che occorre sono l'arnia e le barrette (top bar) che vengono costruite in modo da essere accostate l'una all'altra con un interasse di **35 mm**, quindi quando "apriamo" l'alveare in realtà alziamo solo un favo, tutto il resto della famiglia è ancora nell'oscurità e quindi non la infastidiamo e non diviene aggressiva nei nostri confronti.

Queste arnie si prestano benissimo all'autocostruzione e le capacità richieste per il loro assemblaggio, il taglio del legno e la preparazione delle barrette, sono, in termini di facilità e tolleranza agli errori, ancora più ridotte di quelle necessarie per costruire la Warré.

In lingua inglese la Warré è chiamata Vertical Top Bar Hive, e più in generale, si riconosce la stessa tipologia di gestione alle due arnie (assenza dei telai e dei fogli cerei, ridotta pratica del nomadismo ecc.).

La caratteristica di trovare i favi colmi di miele sul retro dell'arnia, la semplicità della costruzione con possibilità di utilizzare un'ampia gamma di materiali (bidoni di plastica, canne palustri e parti di girasole, ferula) rende questa arnia una soluzione ideale per l'amante delle api, per il seguace della permapicoltura, per i portatori di handicap o semplicemente per gli apicoltori anziani.

Per ispezionare la covata, basta sollevare i favi anteriori. È opportuno inserire in cima e in fondo, due "false" barrette larghe la metà. La presenza di questi due spessori lascerà lo spazio per l'introduzione di una lama da seghetto per liberare il primo o l'ultimo

Nello stesso apiario un'arnia "africana" (di colore blu) accanto a una Dadant.

favo costruito, senza rischiare di romperlo.
La raccolta del miele e in generale tutta la vita della famiglia si risolve all'interno della cassa stessa. Nella gestione di quest'arnia non ci sono parti da aggiungere o togliere, le operazioni prevedono solo la movimentazione dei favi costituenti la famiglia.
Nell'antichità la scelta di confinare le api nei tubi d'argilla orizzontali (nelle arnie di ferula siciliane e simili) era data dalla scoperta che, aprendo il passaggio su di un lato solo, dalla parte di questa apertura veniva deposta la covata, dall'altro lato, al riparo dal movimento di va e vieni delle api, l'apicoltore poteva aprire i tubi ed essere sicuro di trovarci del miele da raccogliere.
Questo stesso principio è alla base dell'arnia Top Bar, che si configura esattamente come le arnie antiche, portando l'apicoltore a fare gli stessi movimenti degli apicoltori egizi.
Il limite spaziale alla deposizione del miele, da parte delle api, deve essere controbilanciato da una raccolta frequente di piccoli quantitativi; quello che bisogna fare è procurare spazio alle api (nel retro), farle produrre e raccogliere, ciclicamente.
La raccolta del miele è molto semplice: basta sollevare dal retro le barrette colme di miele, tagliare la cera lasciandone 2 dita a ridosso del legno e facendola cadere (dopo aver spazzolato le api) dentro un secchio di plastica con coperchio apri e chiudi. Tutto qui. A casa con calma potrete decidere se mangiare il "miele in favo" oppure pressarlo (con le mani, con dei mestoli, con una piccola pressa...) estraendo tutto il miele e dividendolo dalla cera.

La prima arnia africana sperimentata dall'autore.

L'arnia africana, oltre alla sua estrema semplicità costruttiva, ha tutte le potenzialità d'apicoltura sia delle Warré che delle Dadant. Chi volesse sperimentare queste arnie, troverebbe una garanzia nell'esperienza venticinquennale di Wyatt A. Mangum, un ricercatore e apicoltore americano autore di un libro "Top-Bar Hive Beekeeping: Wisdom and Pleasure Combined" che si può acquistare direttamente dall'autore tramite internet. Personalmente, avendo legato la mia vita lavorativa alla produzione del miele, debbo dire che i risultati ottenuti da questo tipo di arnia sono stati insoddisfacenti.
Anche Wyatt riconosce che si tratta di arnie poco produttive ma del resto nella sua esperienza esse sono per lo più utilizzate per il servizio di impollinazione, principalmente sui campi di cocomeri e di cotone. Inoltre, come giornalista della principale rivista d'apicoltura americana, l'*American Bee Journal* (ABJ), le utilizza da sempre per i suoi reportage ed esperimenti.
Ho citato le TBH anche perché è giusto, prima di impegnarsi nell'allevare le api, chiarire con se stessi l'impegno a cui si va incontro.
Dalla figura 13 è possibile ricavare le misure per la costruzione di un'arnia TB secondo le indicazioni prese da una serie di articoli pubblicati da "Bees for Development", un'associazione con base a Monmouth nel Regno Unito che aiuta gli apicoltori nei paesi in via di sviluppo. Le misure riportate sono indicative, nel senso che le arnie TB possono essere realizzate della lunghezza desiderata: il prototipo realizzato era basato su 15 barrette, che la facevano somigliare a una Dadant, permettendone abbastanza agevolmente il trasporto.

Il giardino di Paolo: quale arnia per le api?

Favi in costruzione in una TBH.

La caratteristica forma del favo in un'arnia TBH.

Le tavolette davanti e dietro vanno considerate come maniglie, e i fori anteriori (che si possono chiudere utilizzando tappi di sughero riciclati) servono per gestire la presa d'aria principale. Niente vieta di inserire un fondo a griglia per monitorare la caduta delle varroe.

Arnia ibrida TB-Warré verticale

Ognuno è libero, secondo le proprie necessità e desideri, di mantenere in apiario, accanto alle Warré, alcune arnie "ibride", TB-Warré verticale (contrapposta, abbiamo detto, all'africana detta TBH orizzontale). L'unica accortezza da tenere presente è la distanza degli interassi: nella Warré è di 36 mm, mentre nelle TBH è di 35 mm, come abbiamo già detto.

Nel momento del passaggio da Warré a TBH bisogna passare i favi a gruppi di otto (un elemento completo), questo per assicurarsi che la conformazione irregolare dei favi possa comunque alloggiare all'interno dell'arnia. Il problema nel caso di una TBH che possa accettare fino a quattro elementi (trentadue favi Warré equivalente a sedici telai Dadant) è di "aggiustare" il favo di collegamento e di inizio di un altro elemento anche ritagliandolo con un coltello affilato. Esattamente come facevano i siciliani di Favignana grosso modo 2000 anni fa con le arnie in ferula.

Volendo gestire, nel nostro apiario vicino casa, delle arnie vivaio, valide cioè per la produzione di regine a nostro consumo,

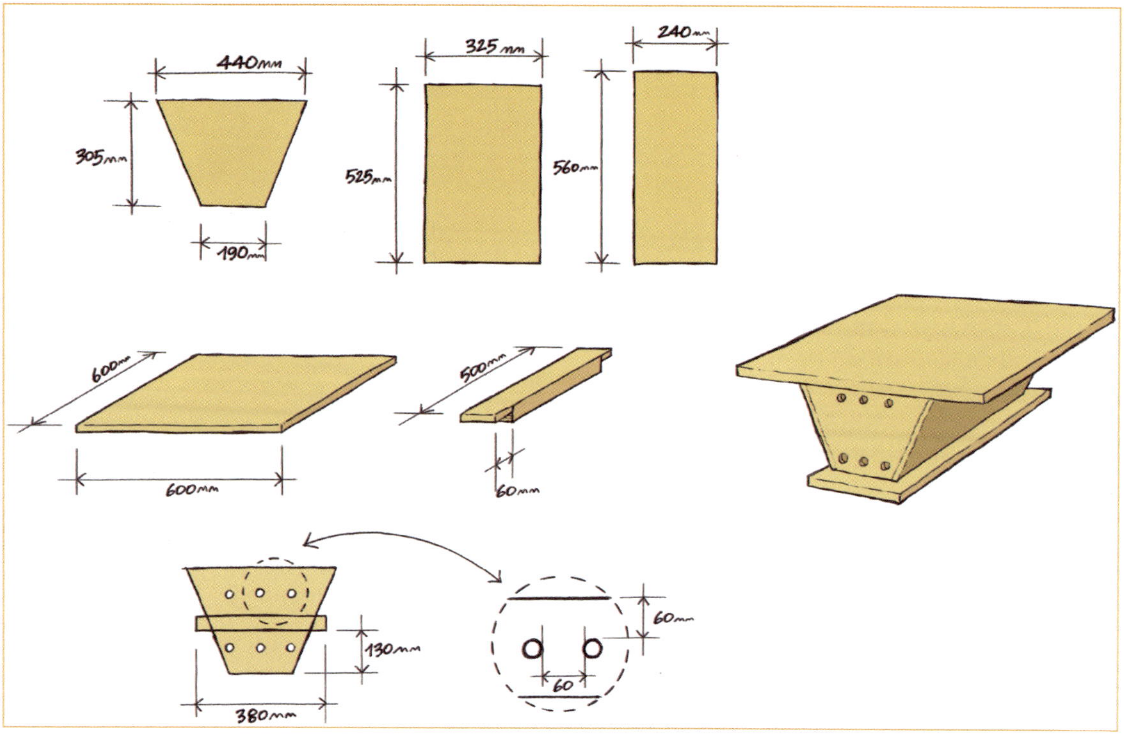

Fig. 13 - Modello costruttivo di arnia africana TBH realizzata e sperimentata con successo dall'autore.

Arnia vivaio Warré a compartimenti

❶ Arnia vivaio scoperchiata

❷ Dettagli

❸ Arnia TB-Warré popolata

❹ Favo in costruzione

❺ Arnia vivaio Warré nell'apiario

possiamo sfruttare la configurazione TBH orizzontale per trasferirci alcuni favi e iniziare così un allevamento scalare.
Le misure interne seguono perfettamente quelle Warré, la possibilità di inserire diaframmi e aprire o chiudere le uscite laterali ci permetteranno di effettuare l'allevamento semplicemente segregando dei favi con uova e giovani operaie.
In realtà l'arnia così allungata orizzontalmente si presta a utilizzare facilmente dei diaframmi di separazione (come si vede nelle immagini delle pagine precedenti) e quindi gestire i comparti per l'allevamento delle regine, orfanizzando una sezione e aspettando che le api inizino un allevamento reale, oppure, fornendo delle larve giovani con il traslarvo (non necessario), inducendo un allevamento artificiale.
La semplice operazione di "spaccare" una famiglia (come si dice in gergo apistico), offre la possibilità di far partire la costruzione di celle reali. Non tutte le celle e non tutti gli scomparti andranno a buon fine, ma, avendo lavorato poco e avendo lasciato tutta la responsabilità del successo alle api, ogni regina sviluppata e fecondata sarà in effetti un gran bel successo.
Va detto, per inciso, che in una stagione apistica, anche questa arnia così configurata può dare come risultato 15/20 api regine prodotte. Non male per un uso interno.
Il bisogno di utilizzare barrette Warré "snatura" un po' la gestione della cassa, nel senso che le vere TBH hanno le barrette l'una adiacente all'altra, le barrette Warré lasciano degli spazi visibili e quindi il risultato tipico delle TBH, mitezza e assenza di disturbo delle api (classico delle arnie ortodosse orizzontali), verrà sicuramente meno.

L'arnia ibrida

Per arrecare meno disturbo possibile alle api di arnie così popolose, oltre che prevedere dei coprifavi divisi che possano restare sui comparti non visitati, possiamo utilizzare uno straccio leggermente inumidito che, messo sui telai appena scoperti, ci nasconda alle api di casa e ci permetta di lavorare solo sul telaio o sulla porzione che ci interessa. Si può anche scegliere di lasciare in permanenza il tessuto come coprifavo per parzializzare l'area di lavoro.
Per terminare questa incursione nel mondo TBH analizziamo alcune commistioni fra i due sistemi, non a scopo di confondere ulteriormente le idee, ma per mostrare che vi sono tanti modi di alloggiare le api nelle arnie, almeno quanti sono gli apicoltori, e con un briciolo di fantasia e di comprensione delle regole principali dello sciame naturale si può sia dare sfogo all'inventiva

Favi in costruzione.

personale sia sfruttare le risorse che già si possiedono, senza cercarne altre.
Avendo cura di lasciare degli interspazi fra le barrette di una normale TBH ci lasceremo la possibilità di mettere sopra questa cassa un elemento Warré (con almeno un favo vuoto da adibire a "scala") e avere così un'arnia ibrida TB-Warré con una zona adibita esclusivamente a melario.
Ricordiamo che entrambi i sistemi non usano il foglio cereo e quindi il telaio in legno, e questo modo di ibridarle le rende simili alle famiglie gestite nei canestri di paglia del secolo scorso.
È sicuramente una gestione da "giardino dietro casa" che mal si presta a spostamenti o ad allevamenti intensivi, ma che ben si adatta al motto "un giardino un'arnia" che risolleverebbe la presenza sul territorio delle api così gravemente in pericolo ai giorni nostri.
Padroneggiando pienamente i favi derivanti dalla TBH alcuni si sono allontanati dalla normale utilizzazione dell'arnia orizzontale, postulando (e praticando) l'uso dei favi TBH all'interno di una architettura Warré.
Lo sviluppo verticale di favi "orizzontali" comporta i benefici di entrambe le configurazioni: favi trapezoidali più semplici e resistenti da manipolare e la possibilità di farli riempire dalle api seguendo la "filosofia" verticale dello sciame naturale.
Le pareti assumono la forma a trapezio caratteristica della TBH, quelle frontali e posteriori vengono lasciate allineate normalmente e le barrette sono chiuse come nelle TBH standard (per non lasciare aperture laterali) e presentano le fessure già analizzate che permettono alle api il passaggio da un elemento all'altro.
Nelle immagini successive vediamo che con due pannelli avvitati si trasformano anche

Arnia TB-Dadant. In realtà questa configurazione è molto simile all'arnia Tonelli.

Apertura "a favo caldo" ricavata sul lato.

Particolare delle barrette ricavate dai portafavi con fogli di cera usati come starter.

le arnie Dadant in perfette TBH, questo per il solo scopo di evidenziarvi la facilità di reperimento e di costruzione di arnie "gestibili" all'interno di qualsiasi contenitore.
Hanno dato miele come le altre, dobbiamo avere l'accortezza, vista la ridotta superficie dei favi, di lasciare in inverno un melario "fisso" sopra la cassa, per essere sicuri della giusta quantità di scorte a disposizione della famiglia.
Per comodità in questa arnia ho mantenuto le distanze dei lamierini dentati già esistenti, che nelle Dadant sono di 38 mm, pur non essendo completamente d'accordo sula scelta di questa distanza.
I risultati sono stati buoni, ma come vi dicevo, è impossibile inventare qualcosa di nuovo, questo tipo di arnie è già stato inventato e sperimentato.
Nel passato le misure delle "cuoriformi" erano state ritoccate fino ad assumere le misure esterne dei melari Dadant, rendendo scambiabili almeno le parti aggiuntive destinate al miele.
Tutti i favi costruiti in queste "ibride" sono risultati estraibili e manipolabili, e tutte le operazioni standard dell' "apicoltura razionale moderna" sono facilmente ottenibili, sempre che abbiate ben presente il valore di approccio razionale e moderno (utilizzato per anni per gli interventi nei paesi in via di sviluppo, si è poi modificato con il ripristino delle tradizioni esistenti in situ).

L'arnia Veuille: gesso, segatura e paglia

Capisco che per un neofita, vedersi presentare ancora un altro tipo di arnia, può essere l'occasione per sgomentarsi ancora di più: "Ce ne spiegasse bene almeno una senza confonderci ulteriormente le idee!". Questo è più che comprensibile ma non è lo scopo del presente manuale. Per fare il punto della situazione abbiamo introdotto una visione alternativa delle attrezzature, la loro costruzione e il tentativo di svincolare l'apicoltura da chi la tiene prigioniera a colpi di pezzi speciali, oggetti indispensabili e conoscenze passate tramite corsi costosissimi e specializzati. Non è così. Almeno dal mio punto di vista.

Gilbert Veuille ha sempre dichiarato, durante i suoi 94 anni, che l'apicoltura non è pericolosa, né complicata e tanto meno onerosa. Ho conosciuto Gilbert e le sue arnie sulla rivista "L'Abeille de France" durante gli anni '90, quando sono andato con la famiglia a fare l'abbonamento direttamente nella sede parigina di Rue de Cophenague 5. Avevano messo in copertina uno dei suoi apiari... e io rimasi affascinato. Le arnie erano rotonde e "rustiche" e comunicavano un senso di tranquillità e di inclusione perfetta nella campagna. Per avere le caratteristiche costruttive ho dovuto aspettare il 2015 e il

libro "La Ruche Ronde Divisible" di Etienne Fort, apicoltore, che ha sistematizzato i metodi e la filosofia di Gilbert prima che morisse.
Questa forma di apicoltura, vedrete, è ancora di più a basso impatto economico (le arnie costano pochi euro) ma richiede una buona dose di empatia e conoscenza delle api. Tutte cose facilmente raggiungibili senza guru e tecnologie.
Veniamo all'aspetto pratico, ecco come si presenta un *ruche ronde en plâtre*.
Su una base in cemento (uguale come stampo al tetto) c'è un cilindro che serve da apertura e due elementi appoggiati sopra (il paragone con le Warré è calzante) che formano l'insieme dell'arnia. Gli elementi tutti della stessa dimensione e aggiungibili dal basso (esattamente come una Warré) misurano 18 cm di altezza, per un diametro interno di 36 cm, lo spessore della parete è di 3 cm, che portano a una capacità di 18 litri circa per un peso, per ciascun elemento, approssimativamente di 5 kg.
La sostanza d'impasto è il gesso a presa lenta (venduto presso i rivenditori di materiale edile) addizionato con paglia tritata o, come preferisco io, segatura di legna da ardere (ne metto sempre da parte quando preparo la legna per il camino); vi è poi un rinforzo di fil di ferro come vedremo in dettaglio.
Prima di passare agli aspetti costruttivi ragioniamo sulla gestione. Come vedremo, a quest'arnia vengono fornite delle barrette messe "di taglio" invece che piane, questo comporterà la costruzione di "superfavi" che tendono a occupare tutto lo spazio da noi fornito alle api.
Questa considerazione porta sempre un attimo di smarrimento: come faccio a separare gli elementi e a controllarli se sono

L'arnia Veuille, chiamata da Gilbert "Rucheton".

Gilbert Veuille e il suo Rucheton.

Una Veuille e due Dadant in apiario.

Gli elementi con i favi formati sulle barrette di taglio.

davanti a una costruzione dei favi in continuo, esattamente come fanno le api lasciate libere nelle loro cavità? Questo principio di lasciare ampie superfici alle api si ritrova anche nella filosofia delle arnie Perone (Vedi "La rivoluzione dell'alveare" di Mauro Grasso). La differenza è che la Perone non tocca assolutamente la zona delle api (bugno non divisibile) mentre la Veuille, dando la possibilità di dividere gli elementi, deve considerarsi a tutti gli effetti un'arnia divisibile (e quindi gestibile nei modi che abbiamo già trattato).
Lo spazio dell'interasse è di 38 mm esattamente come nelle Dadant solo che, come si vede nell'immagine, le api adattano lo spazio d'ape e lo spessore dei favi molto più liberamente che non nelle Warré. La forma rotonda, poi, aiuta la perfetta ripartizione del calore e dei flussi d'aria per asciugare il miele, e per quanto riguarda i parassiti di ogni tipo, va notato che la mancanza di angoli impedisce la creazione di zone nascoste e irraggiungibili dalle api.

Come è ben comprensibile, anche per questa arnia, la manipolazione continua dei favi non è auspicabile e a volte non è possibile, le pratiche apistiche passano attraverso l'uso mirato del fumo e l'uso degli elementi come "insieme di telai". I favi tradizionali non aderiscono alle pareti, sono fissati soltanto con alcuni ponti di cera d'ancoraggio, rimuovendo i quali si rende possibile l'estrazione di un singolo favo. È chiaro che la gestione di queste arnie ci fa manipolare di più l'alveare e usare di più tutti gli accorgimenti per scombussolare meno possibile le api e, nello stesso tempo, ottenere da loro quello che ci siamo prefissati. Rimozione di costruzioni fuori posto (per noi), i ponti già detti, i depositi di propoli, la preparazione al distacco di due elementi che vedremo di seguito.
L'apicoltura industriale ci ha disabituato al contatto con la materia fragile dei favi, togliendoci però anche la capacità di lavorarci. Poco tempo fa ne ho avuto una prova guidando a distanza la cattura di una famiglia cresciuta libera in una finestra di un

casolare toscano. Dando dei consigli a un neofita, prima del lavoro, preparando il materiale occorrente e spiegando la sequenza delle operazioni, mi sono reso conto che, ad esempio, cose normali come la pesantezza della testa del favo, rispetto alla parte finale, era difficilmente percepita e conosciuta. Il telaio in legno rende tutto uguale, mentre il favo naturale, con il miele a corona in alto all'attaccatura del favo, può essere manipolato solo e solamente in un modo, che tenga conto di questa "testa pesante" che, se mossa male, tende a spezzarsi e separarsi da tutto il resto.

Costruzione del "Rucheton"

Quelle che seguono sono indicazioni di massima, nel senso che, essendo l'arnia un prodotto da "stampo", ognuno può trovare le soluzioni migliori e più adatte alla sua attrezzatura e creatività. Il metodo che descriviamo è quello ortodosso di Gilbert Veuille e viene attualmente usato in Francia specialmente per ottenere arnie testimone per il controllo della qualità ambientale[3].

Il primo passo è di preparare una lamiera in forma cilindrica, alta 18 cm e con un diametro di 36 cm, che verrà a contatto con l'impasto

Il cilindro verrà chiuso sopra e sotto da due forme in legno. Lo spessore dell'elemento dell'arnia dipenderà dal margine tra la lamiera e il diametro della forma circolare di legno. Nel caso del Rucheton ripreso nella foto della pagina precedente, lo spessore misura circa 5 cm anche se quello ottimale sarebbe di 3 cm (ma può essere aumentato a piacere in considerazione anche del clima nel luogo).

Si impasta quindi il gesso con acqua e paglia. Si possono aggiungere anche delle biglie di argilla.

Per aggiungere il gesso sul cilindro di lamiera in modo progressivo e uniforme, si può far girare la nostra futura arnia su una

I pannelli stringono la lamiera, si può inserire un vetro che faccia da finestra.

Aggiunta di biglie d'argilla.

3. Le immagini della costruzione dell'arnia Veuille sono la documentazione di un progetto per incentivare la costruzione di arnie per la salvaguardia delle api portato avanti da Annie Olivier, Fréda Menetrier, Santos Sevilla Gimenez e Francky Papin che ha ottenuto un premio per lo Sviluppo Sostenibile all'interno di un progetto di permacultura. http://chateaudu-loir.over-blog.com/article-protegeons-les-abeilles-48769650.html

vecchia sedia o su una carriola. I bordi devono essere riempiti per primi e devono essere composti di solo gesso, così da rendere la zona di contatto fra gli elementi più liscia possibile.
Sulla finestrella con il vetro, al momento del riempimento con il gesso, si mette un pezzo di polistirolo espanso (o materiale simile), in modo che, una volta essiccato, si possa togliere facilmente il materiale e lasciare lo spazio per controllare da fuori lo sviluppo della famiglia, magari con l'aiuto di una luce (specchietto e sole o luce elettrica portatile).
Con una spugna si rende liscia la superficie esterna e poi si lascia seccare l'elemento per almeno due giorni. Una volta indurito si estrae lo stampo di lamiera e si stuccano le imperfezioni nella parte interna del cilindro di gesso.
Quando l'elemento è ben seccato possiamo procedere con l'intaglio a 45° per l'incocco delle barrette. Per ottenere distanze precise e regolari tra le barrette, possiamo utilizzare come guida un cerchio di cartone dal diametro leggermente inferiore a quello dell'elemento, su cui avremo precedentemente tracciato le "impronte" delle barrette. Appoggiandolo all'elemento, basterà prolungare sul bordo di questo la traccia delle barrette, partendo dal punto in cui esse sono segnate sul cerchio di cartone. Una volta segnati i punti precisi potremo tagliare (ricordatevi ancora il vecchio detto: "misura tre volte e taglia una...").
Se avete seguito le misure iniziali dello stampo in lamiera, le lunghezze delle barrette in legno leggero hanno le seguenti lunghezze: due sono da 40,5 cm, due da 39 cm, due da 36 cm e le ultime due da 30 cm. Le barrette sono inserite di taglio e non di piatto come nelle Warré. Il taglio in basso viene rifilato a "V" e viene ricoperto di cera d'api fusa. Per fissarle alle pareti vengono tagliate a 45°, per incastrarsi perfettamente nel taglio sui bordi.
Possono andare bene anche i pezzi lunghi delle cassette della frutta, che per la loro "morbidezza" si prestano a essere tagliate sul posto senza tante accortezze, mantenendo quella sana attitudine rurale a non ricercare la perfezione nelle cose ma a badare esclusivamente al risultato.

Per realizzare il **tetto** si opera in questo modo: su di un largo piano in legno (almeno 75 cm di lato) si pianta un'asticella di 18 cm di altezza nel centro, si lega una corda

Le barrette di lunghezza diversa.

con un pennarello all'estremità e si traccia un cerchio di 30 cm di raggio.
Su questo cerchio adagiamo un pezzo recuperato di tubo di plastica per innaffiare che servirà a impedire a sabbia e cemento di debordare. Raccordiamo i due estremi con un tubicino e inchiodiamolo alla base di legno con dei chiodi da 30 mm. La base dello stampo è così fatta.
Versiamo della sabbia bagnata sul piano (circa 20 l) e aiutandoci con la corda definiamo la forma conica del tetto.
Una volta ben formato stendiamo dei fogli di giornale bagnati su tutto il cumulo.
A questo punto, dovremo porre sui giornali una rete larga da polli, che servirà ad armare la struttura; per adattarla alla forma conica del tetto, possiamo tagliarla in triangoli i cui lati andranno a sovrapporsi parzialmente. Dato però che la rete dev'essere distaccata dai giornali di un centimetro circa, potremo porre tra questa e il fondo degli spessori di legno leggero, o anche un primo strato sottile di cemento.
Versiamo poi dolcemente il cemento (7 litri di sabbia e 5 kg di cemento), modellandolo con una cazzuola. Iniziamo a "gettare" dal

La sabbia modellata a cono.

Il cono ricoperto di giornali bagnati.

I tre elementi fondamentali per la realizzazione del tetto: base, asta e tubo.

Inserimento della griglia.

Finitura, essiccazione e smontaggio dello stampo.

basso, vicino al tubo, e progressivamente si va verso l'alto, lisciamo poi nello stesso modo, dal basso in alto. È più difficile a descriversi che a farsi. Il risultato sarà un cono di 60 cm di diametro, 20 cm di altezza e 2 cm di spessore, per 10 kg di peso, che oltre che proteggere il gesso dalla pioggia bloccherà e stabilizzerà tutta la struttura.
Una volta levigata la superficie del cemento con una spugna possiamo far riposare il cono fino a una quindicina di giorni; inumidendo costantemente il cemento ne agevoliamo la resistenza meccanica, e una volta smontato il tutto, con una spazzola in ferro, si potrànno togliere tutte le imperfezioni che potrebbero essere rimaste nello stampaggio.
Dopo 4 giorni giriamo il cono, riempiamolo d'acqua e lasciamolo così per una decina di giorni (la solidificazione in umido favorisce una eccellente tenuta). Una volta asciutto controlliamo che non ci siano pezzi di rete metallica che possano pungere, tagliamo e limiamo le sbavature di cemento che si possono essere formate. Volendo, con poco cemento a pronta presa si possono stuccare le irregolarità e le fessure.
Come si comprende, la preparazione di queste arnie dovrebbe essere svolta durante i periodi invernali, perché i tempi di costruzione e essiccazione sono abbastanza lunghi e, per una decina di arnie (a fronte di una spesa irrisoria) vi sono da mettere in conto settimane di lavorazione.
Lo stesso procedimento si usa per la **base**, solo che l'altezza dell'asticella deve essere 6 cm invece che 18.
La forma canonica del Rucheton impiega delle zeppe per formare la parte finale dell'arnia con l'entrata. Naturalmente è un'arnia che non si presta al nomadismo ma che offre all'apicoltore una grande soddisfazione dal punto di vista estetico e per la salubrità delle famiglie.
Ognuno potrà inserire delle migliorie o delle personalizzazioni, come la base in legno, il tappo in legno con la rete che permette un più facile distacco all'atto della visita. Qualsiasi cosa si voglia cambiare bisognerà però tener conto delle "linee guida di utilizzo" che ha lasciato il suo inventore.

La durata di una Rucheton viene stimata intorno ai 15 anni, tutto dipende dal luogo e

Il Rucheton tradizionale.

Il mini Rucheton inserito in basso come entrata.

dai metodi di manutenzione, se ve la immaginate dentro una nicchia all'uso medievale probabilmente la durata potrebbe superare di gran lunga il periodo previsto.
La struttura può essere modificata aggiungendo un anello più piccolo da mettere alla sommità degli elementi, utile per eventuali nutrizioni di emergenza, isolare durante l'inverno il nucleo della famiglia, incrementare la capacità di ventilazione della famiglia associandolo a una copertura in rete (come il cuscino delle arnie Warré) o come ingresso in basso.

La gestione dell'arnia Veuille

La gestione dell'arnia si basa su alcune regole precise, dettate più che altro dalla tecnologia costruttiva dell'arnia e da come le api si insediano all'interno dello spazio e sulle "baguette" di legno fornite per l'allevamento.
L'aggiunta di nuovi elementi deve essere fatta dal basso esattamente come le arnie Warré. La mancanza di telai e la riduzione delle traverse portafavo comporta che le api tenderanno a unire i favi da una "sezione" all'altra. Per questo motivo, al momento della posa di un nuovo elemento, Gilbert poneva un "filo separatore", lasciato sempre in situ: un filo d'acciaio inossidabile di 0,8 mm di diamentro e lungo 55 cm, con due pezzetti di legno alle estremità appoggiato perpendicolarmente ai favi. Nel momento in cui si renda necessario separare gli elementi per una qualsiasi operazione, il passaggio del filo separatore (con due piccole zeppe di legno alte 1,5 mm davanti e dietro) attuerà il distacco senza nuocere alle api, e aspettare qualche ora o rimandare al giorno dopo l'apertura effettiva permette alle api il ripristino della cera e la rimozione delle colature di miele.
Questa operazione è vista dai denigratori come gesto "arcaico", in realtà, come ben sanno gli apicoltori "razionali", anche nelle arnie a telaio vengono effettuate costruzioni fuori posto, e durante la raccolta e rimozione di melari Dadant particolarmente ricolmi l'operazione ottiene gli stessi effetti di una separazione del "Rucheton". Basta non spaventarsi e dare alle api il tempo di ripulirsi, cosa che inizieranno a fare alla prima goccia di miele versata.
Dopo essersi presi cura dei favi collega-

ti, per separare completamente due pezzi dovremo inserire due spatole da mastice sovrapposte tra i due bordi di gesso (abbastanza fragili) così da impedire delle rotture: tra le due spatole si inserisce poi un grosso cacciavite o una leva d'apicoltore, la forza esercitata verrà ripartita fra le due lamine permettendo così la separazione.

Questo, in sintesi, il pensiero di Gilbert Veuille: "*Sono già una cinquantina d'anni che ho letto, in un opera del dottor Mathis, apicoltore appassionato, questa frase essenziale: l'arnia quadrata a telai mobili è stata creata per la comodità dell'apicoltore ma essa non corrisponde affatto alla caratteristica del glomere delle api, che preferisce vivere dentro uno spazio dalla forma arrotondata. Questa osservazione mi è rimasta impressa nella memoria e nel 1989, a seguito della devastazione del mio apiario da parte della varroa, mi sono deciso a creare e sperimentare un'arnia rotonda divisibile a partire da un modulo unico, di forma cilindrica che ho chiamato Rucheton*"[4].

4. Tratto da "L'abeille de France" n.786 octobre 1993, traduzione dell'autore.

Il Rucheton popolato....

...e l'estrazione dei favi.

Favi di Top bar Hive.

CAPITOLO 4

Popolamento delle arnie Warré

La sciamatura e la filosofia dell'arnia Warré

Il sistema più diffuso di popolamento delle arnie è quello che si ritrova negli antichi testi di apicoltura: raccogliere e inserire degli sciami selvatici dentro i nostri recipienti che chiamiamo arnie.

Mentre la sciamatura è un bisogno fisiologico delle api (riproduzione, colonizzazione, purificazione) che è, nella sostanza, biologicamente sempre uguale a se stesso, le arnie sono cambiate e continuano a cambiare. Abbiamo oggi la presunzione di sapere decifrare i due estremi dell'allevamento di questi insetti. Da una parte il massimo della tecnologia e degli artifici per spingere e ottimizzare la produzione, dall'altra il massimo della naturalità e recupero dell'ambiente ancestrale delle api con arnie sempre più "primitive" (come nella Permapicoltura).

Dal mio punto di vista il detto buddhista "abbastanza è sufficiente" detta la regola che mi ha sempre guidato in apicoltura: cercare una via mediana tra le esigenze delle api e le esigenze dell'apicoltore, una sorta di simbiosi che permetta a tutti e due gli attori di vivere con soddisfazione reciproca e senza sofferenza questo rapporto, senza permettere la prevaricazione di nessuna delle due esigenze di vita. È una visione non antropocentrica, non ho mai pensato, sin dall'infanzia, che l'uomo avesse il diritto al *subicite terram!*, soggiogate la terra.

La cattura degli sciami è l'inizio della simbiosi uomo-ape, casa per prodotto, cura e difesa in cambio di cibo. Quanto sia da noi coscientemente voluto lo sviluppo di questo rapporto è questione che può essere approfondita leggendo i libri di Michael Pollan a proposito delle nostre relazioni con le piante.

La sciamatura è vista come uno scacco per l'apicoltore moderno, una sorta di Waterloo quando questa si presenta. Il motto attuale è "controllare la sciamatura", "combattere la sciamatura", come dice Jan Kuppen:

«Oggi, demistificato dall'età adulta, lo sciame, e soprattutto la sua uscita, resta per me un fenomeno magico. Mi pone delle grandi questioni nella mia apicoltura artigianale. Durante i miei primi anni di pratica, un sentimento di impotenza nella 'lotta alla sciamatura' mi ha portato ad applicare quello che potrei chiamare "lavoro sulla sciamatura"'

In altre parole, provo a orientare i miei interventi all'interno delle colonie, come un prolungamento in accordo con le leggi della natura. Questo per non mettere in pericolo la salute delle mie api. Senza dimenticare certamente di conciliare metodi ed obiettivi della produzione. La mia preoccupazione è di concepire una pratica di gestione che accompagna e sostiene i comportamenti istintivi della colonia. In breve un metodo opposto a quelli che contrariano, a quelli che nuocciono e che sopprimono brutalmente questo comportamento istintivo.»[5]

5. www.domaineducardona.com, trad. dell'autore.

Prima di passare alle tecniche pratiche di "cattura dello sciame" vorrei ancora soffermarmi sulle implicazioni "filosofiche" dell'arnia Warré nei confronti del modello che ha vinto ed è diventato lo "standard" in apicoltura: l'arnia Dadant.

È il momento giusto per due considerazioni su dove e come vogliamo indirizzare il nostro essere apicoltori.

Abbiamo le arnie e gli altri elementi, vogliamo procurarci le api e quindi, in questo momento cruciale, cerchiamo le motivazioni e le regole che possano rafforzare il perché di questa scelta. Se siete arrivati a leggere fino qui vuol dire che l'interesse per questo metodo apistico è già nato, ed è sicuramente alimentato dalla presentazione di questa arnia come "ecologica", "biocompatibile", "naturale", "selvatica" e così discorrendo.

In parte tutto questo è vero, ma sarebbe una distinzione manichea e massimalista. Con questa arnia la varroa incide in misura minore ma non si elimina la parassitosi, per certi versi allevare in Warré è anzi più complesso. Non si seziona la famiglia estraendo i telaini (come nella Dadant) e quindi le decodifiche delle esigenze della colonia sono meno evidenti e la conoscenza si basa più sul capire che sull'agire.

Questo non significa che non dobbiamo fare **niente** in senso orientale ma più che altro nel senso latino *sublata causa tollitur effectus*, eliminata la causa tolto l'effetto. Se ci riflettete bene, è un approccio pragmatico all'allevamento e alle piccole variazioni di timone per mantenere la rotta. L'ambiente sano dell'alveare, la cera autocreata libera da tutti i pesticidi e residui di lavorazione, l'assenza di sfruttamento intensivo, la mancanza di stress da trasporto, il rispetto dei tempi di sviluppo (diversi dalle nostre richieste), la non somministrazione di alimento zuccherino, sono un plusvalore che farà vivere a lungo le nostre api, facilmente ottenibile con questo metodo.

Se prendiamo un corpo Dadant (43x50x31 cm) e lo incliniamo di 90° otterremo due corpi Warré (34x30x21 cm), detto in altro modo possiamo dire che **due elementi Warré** uno sull'altro **formano** esattamente **un nido Dadant**. Una colonia che occupa una cassa Dadant occuperà due elementi Warré.

L'arnia Warré è la più piccola delle arnie "divisibili" e inspezionabili, è riconosciuto che le api invernano molto bene in quest'arnia, si sviluppano precocemente e in primavera hanno la tendenza a sciamare. Nella Dadant sono sufficienti cinque o sei telai per poter bene invernare, nella Warré occorre un elemento. Questo, dunque, equivale a quattro telai Dadant, si può constatare che se inverniamo due sciami in Dadant ne possiamo invernare tre in Warré.

In primavera avremo tre sciami da mettere in produzione invece di due, consideriamo questo fatto alla luce del principio di "ridondanza". Questo principio è frequentissimo in natura (sovrapproduzione di polline, di spermatozoi, di semi, di frutti ecc.), e in questi anni difficilissimi per l'apicoltura la **ridondanza** di famiglie (apicoltura estensiva) aumenterà la sopravvivenza e la possibilità di ottenere del raccolto.

Per quanto riguarda le provviste invernali, per la Warré occorrerà un elemento, come già detto, ma per la Dadant un intero nido potrebbe non bastare: molti professionisti sanno che alcune famiglie muoiono (pur avendo molte scorte nel nido) per l'incapacità delle api all'interno di spostarsi nei telai periferici in presenza di temperature rigide. Famiglie molto forti, esigenze nutritive alte, bisogno di integrare con sciroppo liquido

durante i periodi di cattivo tempo, innescano una reazione difficile da interrompere.
Le colonie dentro la Warré riescono a passare l'inverno anche dentro un solo elemento, questa è una constatazione supportata da molti esempi controllati e seguiti in campo. Inoltre la misura ridotta ci permette di far sviluppare un piccolo nucleo di api in un solo elemento, in due (equivalenti a una Dadant a 8 telai) oppure in tre elementi.
In questo capitolo esamineremo le diverse tecniche di popolamento delle arnie Warré:

- la divisione con il plateau Barasc e simili;
- la divisione semplice senza ricerca della regina;
- la divisione con localizzazione della regina;
- la cattura degli sciami selvatici;
- la cattura degli sciami con arnie trappola;
- il popolamento lento tramite un adattatore Dadant-Warré;
- i pacchi d'api.

Non spaventatevi per le molte possibilità, sono tutti metodi molto semplici, con pochissima manipolazione e veramente alla portata di tutti.

Divisione con il plateau Barasc

Abbiamo già introdotto il metodo Barasc, che consiste nell'impiego di una tavoletta di interposizione per dividere una famiglia (vedi paragrafo "Il plateau Barasc"). Questo metodo è simile allo Snelgrove o al Cloake, tutti sistemi che dividono in due la famiglia, orfanizzandone una parte e spingendo le api rimaste isolate ad allevarsi una regina o ad accettare una regina da noi fornita (o una giovane larva trasferita con il metodo del traslarvo). Queste manipolazioni prevedono l'arricchimento delle bottinatrici indirizzandole nella parte orfana che abbiamo creato.
Nella fig. 14 è illustrato l'impiego del plateau Barasc nella riproduzione e moltiplicazione della famiglia.

La tavoletta mantiene in comunicazione le operaie ma non permette il passaggio della regina. Se dopo un periodo di circa un mese vediamo che la divisione non ha funzionato è sufficiente rimuovere la tavoletta e ripristinare la famiglia nelle condizioni iniziali.

Griglia Snelgrove.

Plateau Barasc con passaggio apri/chiudi.

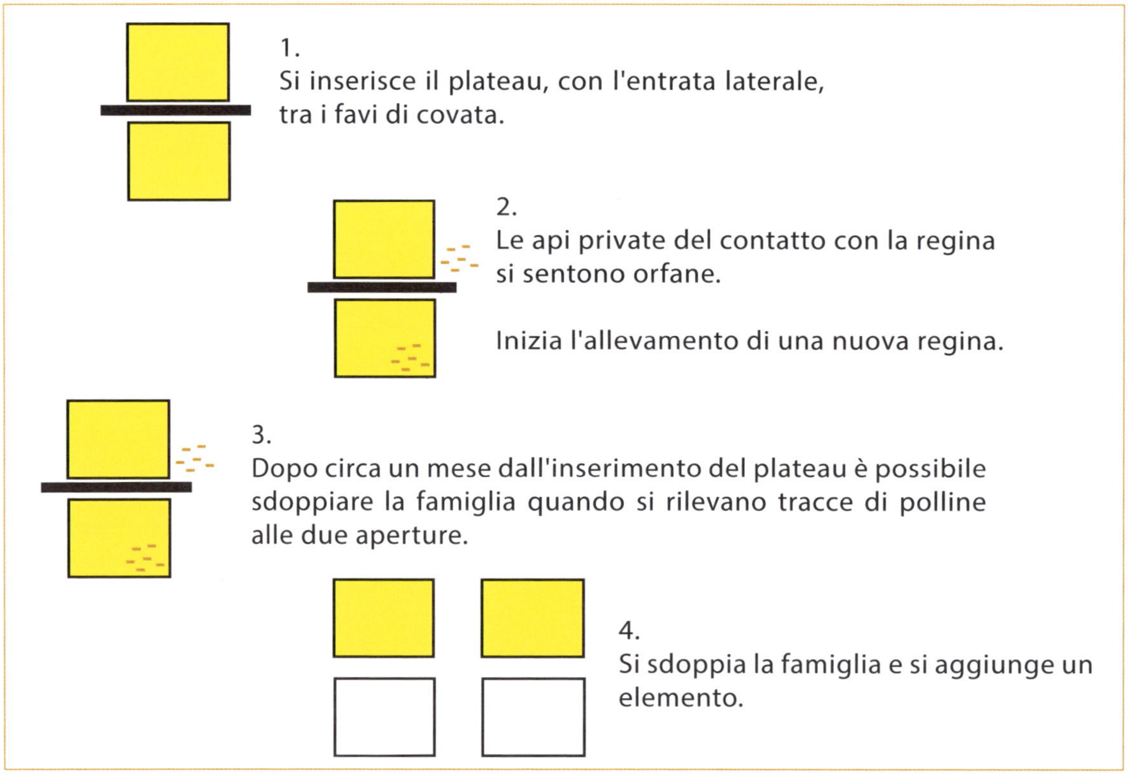

Fig. 14. Impiego del plateau Barasc per indurre l'orfanità.

Abbiamo bloccato lo sviluppo della famiglia per un po' di tempo e l'unico risultato ottenuto è il suo indebolimento, che però, può essere visto anche come un deterrente alla sciamatura. Inoltre, la divisione sul posto tutela dai ritorni del freddo (la covata non soffre).

I metodi che abbiamo visto fin'ora si basano sempre e comunque sulla manipolazione dell'elemento come procedura normale e velocizzante della gestione delle arnie.

Questo non vieta di utilizzare, nel momento del bisogno, anche i favi singoli, che, come abbiamo già visto, permettono la manipolazione e il trasferimento da un'arnia all'altra. Un'arnia Warré palesemente orfana può essere indotta all'allevamento reale semplicemente fornendola di una o più barrette con i favi colmi di uova e larve giovani provenienti da un'arnia contigua.

Certo la manipolazione delle barrette e dei favi non è la migliore soluzione, anche per l'intrinseca debolezza della struttura della barretta. Le più cocenti delusioni (abituato al sistema Dadant) le ho ricevute quando ho spaccato dei favi per tentare di emulare operazioni dell'allevamento standard. Il mio amico Paolo Faccioli, dopo aver popolato la Warré che gli avevo regalato, per prima cosa ha controllato i favi... imprinting troppo forte!

Paolino… giù le mani dai favi!!!

Appena insediate e già disturbate… (a fini scientifici).

Un favo rimosso pronto al trasferimento.

Marco e Paolo "intossicati" dai metodi Dadant…

Divisione semplice senza ricerca della regina

Per dividere uno sciame in modo semplice occorre un'arnia su due elementi molto popolosa, sulla soglia della sciamatura. Servono poi due elementi vuoti con barrette cerate, un fondo, un tetto e un telo coprifavo. Senza fare fumo per non squilibrare le api, si stacca il primo elemento dall'arnia, si osserva che ci siano uova covate in giornata (ancora in posizione verticale) e si appoggia sull'elemento vuoto con sotto il fondo. Poi si sistema a lato dell'alveare "madre".
Si controlla la presenza delle uova nell'elemento rimasto e, senza spostarlo, si inserisce al di sotto il secondo elemento vuoto.
L'operazione è conclusa. Pur non sapendo dove si trovi la regina abbiamo diviso la famiglia in due. L'elemento della prima operazione può essere chiuso e spostato in un altro apiario (a più di 3 km), oppure messo in una cantina al fresco e riposizionato in apiario dopo una notte.
In caso di cattivo tempo, l'elemento che era "sotto" nell'arnia originaria potrebbe ave-

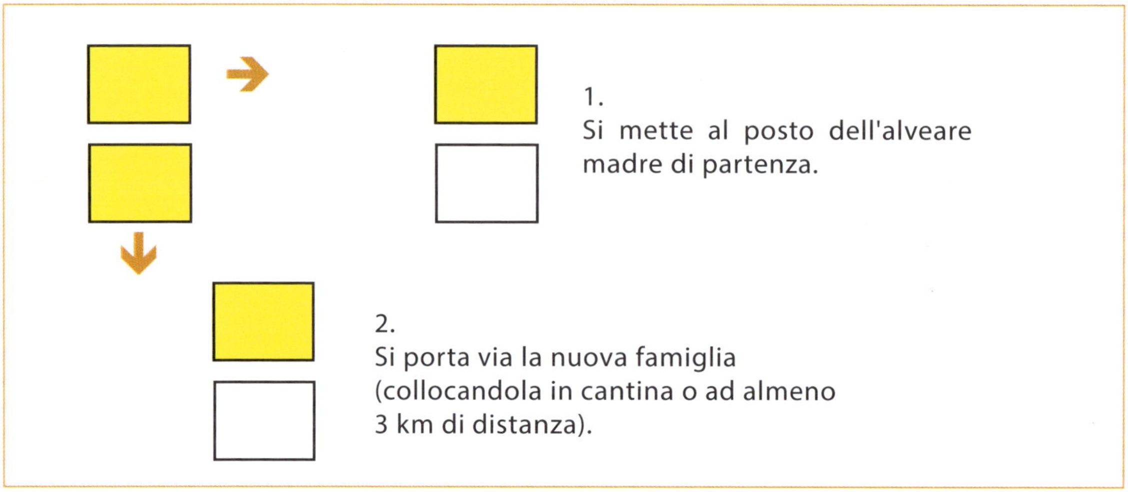

Fig. 15. Divisione con allontanamento di mezza famiglia.

re poca scorta di miele (ricordate? Il miele viene sempre e comunque portato "sopra"), quindi se la possibilità di raccogliere scarseggia è meglio alimentare con sciroppo. Dopo qualche giorno vedremo chiaramente quale dei due aveva la regina: le orfane si comporteranno in modo un po' confuso, mentre quelle che hanno avuto la fortuna di avere ancora la madre continueranno a espandersi.
Quello identificato come "orfano" deve essere lasciato in pace per circa un mese e poi controllato. Se non si dovesse ricreare la regina (le variabili sono molte e la possibilità sussiste) l'unica soluzione è lo svuotamento dell'arnia, disperdendo le superstiti che si ripartiranno nelle altre cassette.

L'allevamento di regine per divisione della famiglia
Gilles Denis ha escogitato un modo per **allevare regine in un'arnia Warré** rendendo orfane delle porzioni di favi e facendo così partire l'allevamento di una nuova regina da parte delle api. All'interno di un elemento standard, Denis ha inserito delle paratie che dividono lo spazio interno (vedi fig. 16) e, grazie a un telaino diverso dalla barretta, permettono una manipolazione dei favi in relativa sicurezza[6].

È inutile dire che la precisione nella costruzione in questo caso è fondamentale.

L'introduzione di un telaio per l'allevamento in Warré (in realtà mezzo telaio come vedremo in seguito) ci permetterà di far costruire alle api un favo naturale irrobustito dalla cornice di legno così da poter manipolare in sicurezza i telai dell'elemento che utilizzeremo per l'allevamento e la fecondazione delle regine.
Per i vecchi apicoltori, questo sistema di divisione veniva utilizzato in un'arnia Dadant

6. I disegni delle immagini sono stati fatti e messi a disposizione da un apicoltore tedesco sul forum del sito www.immenfreunde.de

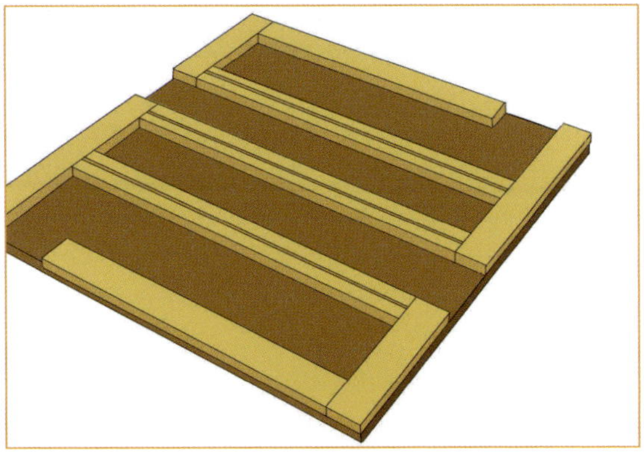

La base per ripartire lo spazio.

Particolare della base con le guide.

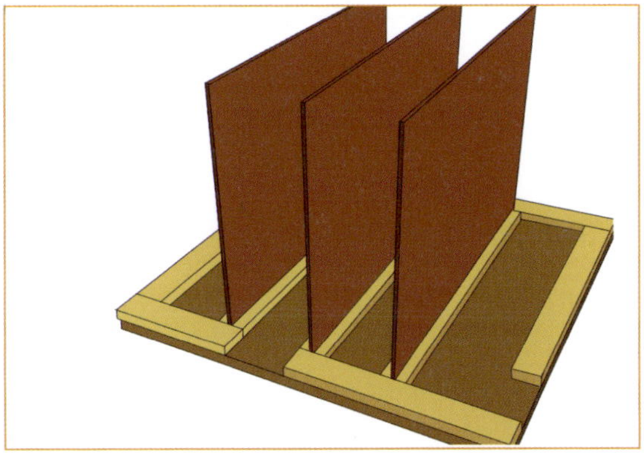

La base con le paratie inserite.

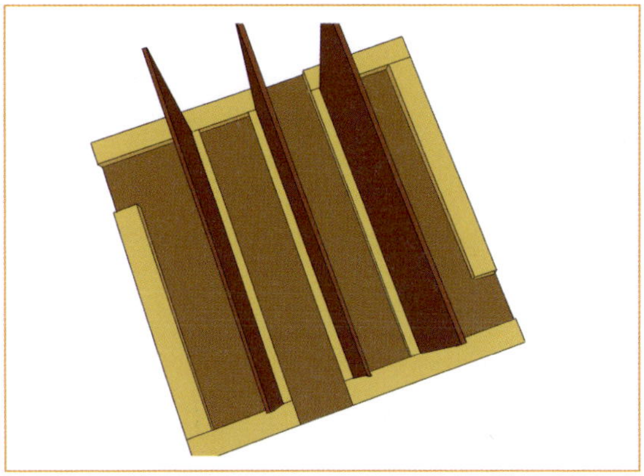

Paratie viste dall'alto.

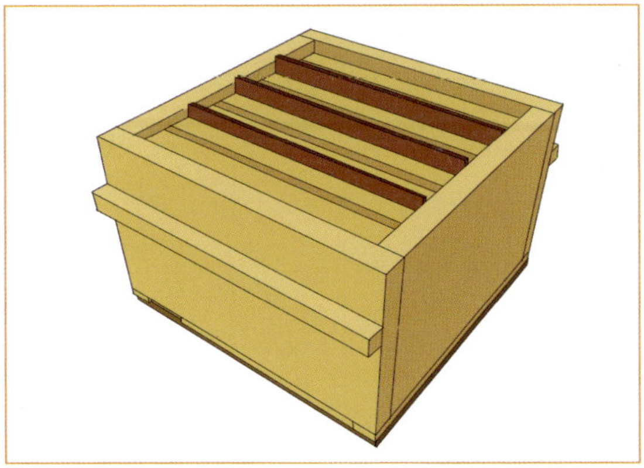

Vista prima dell'inserimento dei coperchi.

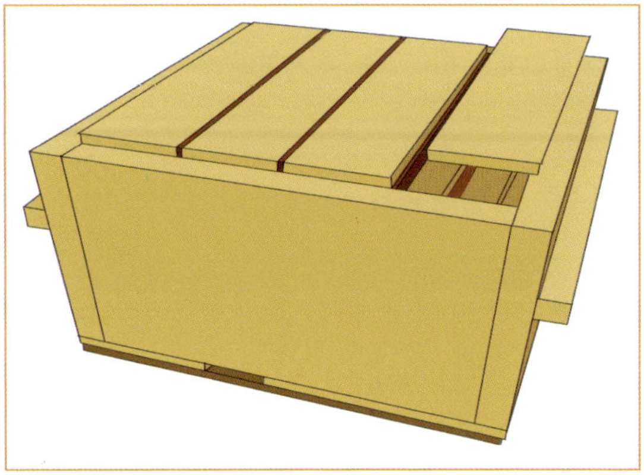

Arnietta di allevamento completa.

Fig. 16. Metodo Denis per l'allevamento di regine.

da 12 telai, la cosiddetta arnia "Tre porte" che permetteva, esattamente come questa, di orfanizzare una parte dei favi.
Le sezioni possono essere popolate ex novo da uno sciame, lasciando alla famiglia l'onere della costruzione dei favi con telaio, oppure essere suddivise fra più famiglie e accorpate nel momento dell'inizio dell'allevamento.
Questa soluzione può fornire una ventina circa di api regine feconde per ogni ciclo, numero di tutto rispetto, vista la semplicità delle manipolazioni, senza traslarvo, rimonte e nuclei di fecondazione. Nel caso di mancato ottenimento di una regina in uno scomparto è sufficiente ridistribuire le api e i telaini con covata fresca e riprovare.
Il fatto che gli ingressi siano su lati opposti minimizza la possibilità di uccisione della regina al momento del ritorno dal volo di fecondazione: in questi casi un errore nel rientro nel proprio alveare potrebbe rivelarsi letale.
La frequente manipolazione dei favi richiede una diversa conformazione della "barretta", l'idea è stata di irrobustire con un semi telaio la struttura del favo.
Questo mezzo telaino viene pienamente accettato dalle api e rappresenta per l'apicoltore la possibilità di manipolare più volte il favo, effettuando su di esso tutte le operazioni richieste: controllo della deposizione della nuova regina, marcatura sul favo stesso, cattura a mezzo gabbietta per trasferimento ecc.
Niente vieta che questo modo di preparare i favi possa divenire una pratica estesa a tutti gli elementi (specialmente per convertiti dal sistema Dadant!).

La fig. 17 evidenzia l'incastro necessario per unire traversa superiore e listelli laterali e chiarisce quanto sono lunghe le traverse laterali rispetto alla barretta. Si mette la cera sulla barretta e solo dopo si aggiungono e fissano i montanti.

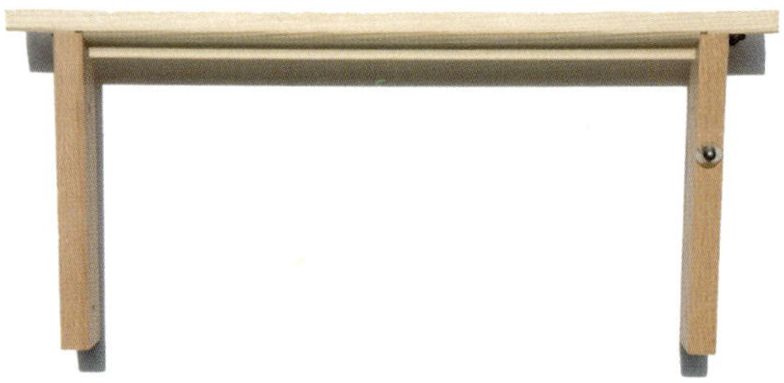

Il mezzo telaio per l'allevamento delle regine in Warré.

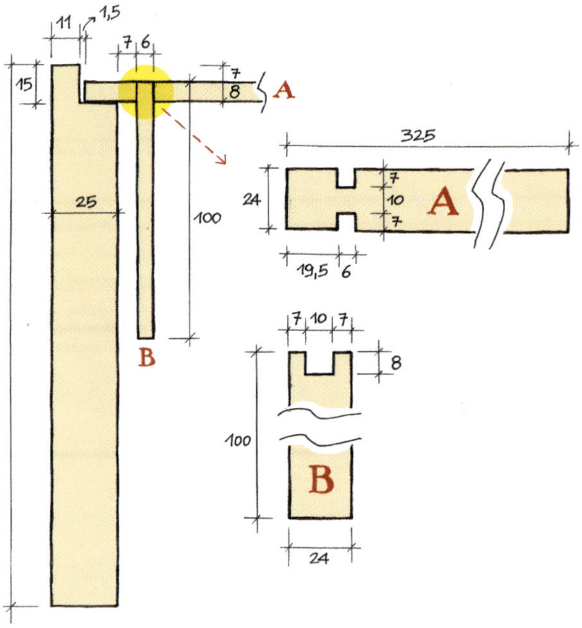

Fig. 17. Particolare del disegno costruttivo del mezzo telaio con le relative misure.

Divisione con localizzazione della regina

Nella divisione semplice, il fatto di non sapere dove effettivamente sia la regina rende impossibile l'introduzione di una nuova dall'esterno; perciò se si vuole velocizzare il tutto, mantenendo la possibilità di inserire una nuova regina nel nucleo organizzato, va individuata la vecchia regina nella famiglia madre.

Si comincia con lo scegliere, come al solito, una famiglia forte, su due o tre elementi, prossima alla sciamatura.

Occorrono una griglia escludi regina, un elemento vuoto con le barrette cerate, un fondo, un tetto e un telo coprifavo.

Si alzano gli elementi pieni e si mette sotto quello nuovo vuoto. Precedentemente dobbiamo aver valutato quale dei due elementi sia migliore per allevare una nuova regina. Dopo aver aperto l'alveare iniziamo ad affumicare fortemente la famiglia, facendo scendere in basso tutte le api (con la conformazione di questa arnia è abbastanza facile da ottenere). Vuotato l'elemento

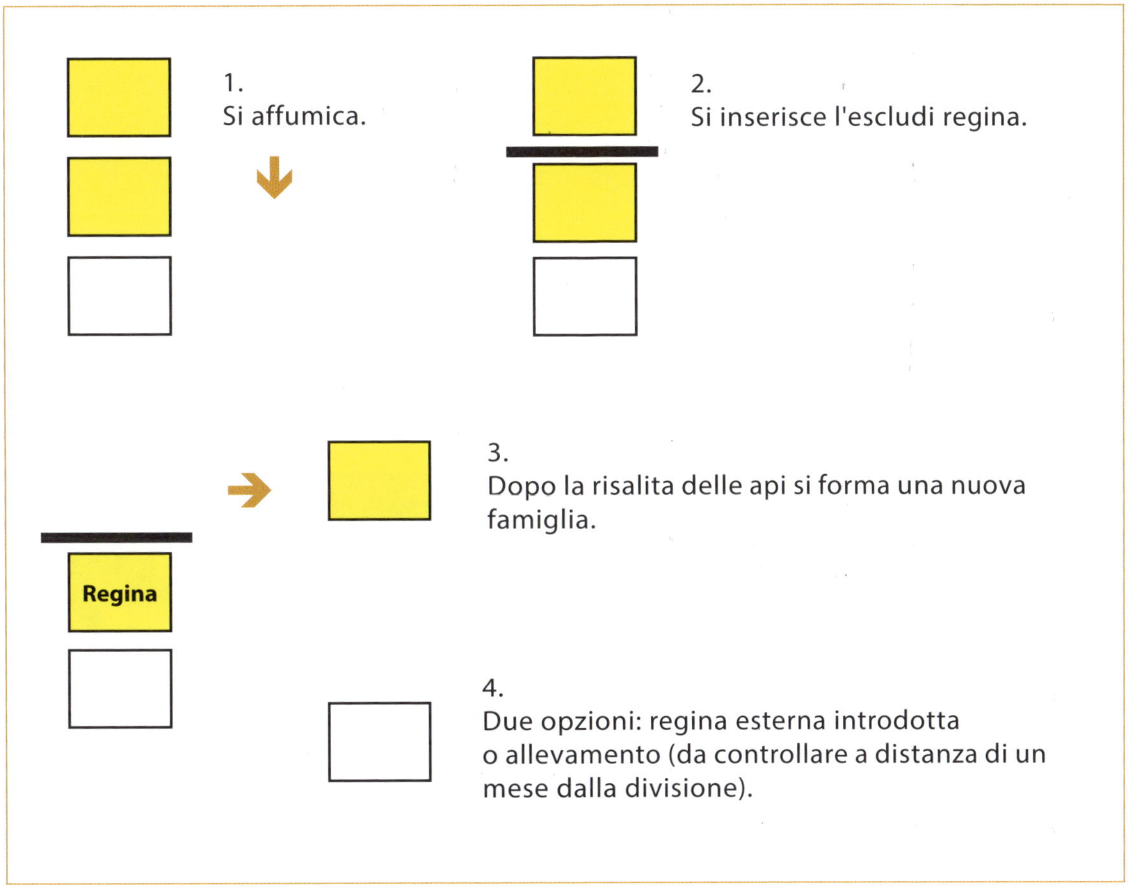

Fig. 18. Esempio di divisione degli apiari con localizzazione della regina madre.

lo ricontrolliamo per vedere la covata fresca, messo da una parte facciamo scivolare sull'alveare la griglia escludi regina e lo rimettiamo sopra. Dobbiamo soltanto aspettare una mezz'ora circa che l'elemento si ripopoli di api.
A questo punto, dopo aver sollevato l'elemento e, dopo aver controllato che i favi siano ben coperti dalle api (in difetto si può affumicare dal basso per richiamare più api), abbiamo un elemento pronto per l'allevamento reale che può essere allontanato e trattato come quello della divisione semplice, oppure può essere fornito di una regina in gabbietta per accelerare la crescita della nuova famiglia. L'escludi regina ha impedito la risalita della madre e quindi adesso sappiamo bene dove essa sia.

Cattura degli sciami selvatici

Le indicazioni per entrare in possesso di uno sciame selvatico saranno volutamente generiche, a parte qualche piccolo trucco per la buona riuscita, perché la casistica di dove si poseranno le api, in quale quantità e in quale posizione lascia una gamma infinita di situazioni e soluzioni da affrontare. Con un po' di esperienza e qualche errore, lavorando sempre in assoluta sicurezza per quanto riguarda le scale, le protezioni e le accortezze da prendere sul sito (presenza di persone, di animali, di strade ecc.) svolgerete questo lavoro con sempre maggiore padronanza e sicurezza.
La situazione migliore (abbastanza frequente) è quando uno sciame si posa a grappolo su di una pianta ad altezza raggiungibile. In questo caso dobbiamo soltanto predisporre il fondo Warré su di un rialzo (una cas-

Favi rimossi da un albero di acacia.

Le api scosse nell'elemento Warré.

L'elemento rovesciato e appoggiato sul fondo.

setta da frutta, una scatola di cartone robusta, due cavalletti e un'asse…) il più vicino possibile a dove si è appesa la famiglia. Poi, avendo avuto cura di inchiodare leggermente una tavoletta sul lato delle barrette, ci avviciniamo allo sciame con l'elemento rovesciato a paniere e con una scossa decisa si fanno cadere le api all'interno. Si chiude infine con il fondo Warré.

Dopo aver scosso lo sciame nella cassetta è bene lasciarlo vicino al luogo dove lo abbiamo trovato. Le molte api in volo al momento della cattura, infatti, continueranno a cercare la regina e la famiglia sull'albero su cui si era posato lo sciame.

Per velocizzarne il rientro è bene considerare la direzione del vento e mettere lo sciame in modo che l'odore della famiglia venga trasportato il più vicino possibile alle api disperse (vedi fig. 19).

Per riuscire a stabilire l'esatta direzione del vento e le sue eventuali variazioni è sufficiente accendere l'affumicatore e seguire le nuvole di fumo.

Le api per richiamarsi, e impedire la dispersione del gruppo, assumono una caratteristica posizione e iniziano a emettere un feromone profumato simile all'odore della citronella.

Se iniziano a chiamarsi rimanendo sulla cassetta significa che la regina è dentro, se osservandole per qualche tempo si vedesse la cassetta lentamente svuotarsi dovremo ripetere nuovamente l'operazione dello scuotimento.

Se lo sciame si fosse posato su una parte di ramo non raggiungibile (con la scala, dal tetto dell'automezzo ecc.) possiamo utilizzare un sistema antico utilizzato tuttora da numerosi apicoltori. Si inizia a tagliare lentamente il ramo sul quale insiste lo sciame, la pianta verde a metà incisione circa

Fig. 19. Posizionamento della cassa per la cattura di uno sciame tenendo conto della direzione del vento.

Posizione di richiamo.

inizierà a muoversi verso il basso, se avremo avuto cura di liberare dagli altri rami lo spazio di caduta riusciremo a guidarlo fino quasi a terra, dove avremo naturalmente preparato il cassettino prendi sciami. Questo intervento si può effettuare su tutte le piante ritenute non importanti e su quelle della macchia che ricresceranno molto velocemente.

Lo sciame va lasciato in posizione fino al

Api in cammino verso la nuova abitazione.

crepuscolo, poi potrà essere spostato avendo cura di legare gli elementi con il nastro a cricchetto e mettendo un po' di carta di giornale bagnata sull'entrata. In caso di trasferimenti lunghi bisogna prevedere una rete rigida che chiuda l'elemento permettendo alle api di respirare.

Api spinte con il fumo dentro l'elemento.

In un caso ho raccolto uno sciame con un tetto Dadant e l'ho poi spinto con il fumo a popolare un'arnia Warré.

Nell'indirizzare le api all'interno della nuova arnia bisogna fare molta attenzione alla regina, prenderla delicatamente con una foglia e accompagnarla all'ingresso della Warré. L'effetto sarà che tutte le api la seguiranno nel nido.

Per riunire le nuove famiglie alla fila di quelle esistenti basterà farlo la prima sera, quando le api sono tutte rientrate e sembrano dimenticare il luogo dove sono state catturate. Se questa operazione non viene subito effettuata, le api, memorizzando il posto nei giorni seguenti, ritorneranno sempre lì, qualsiasi sforzo facciate.

Nel caso che lo sciame sia troppo grande per entrare nel nostro elemento Warré, possiamo costruirci una cassetta leggera che abbia la possibilità di alloggiare alla sommità un elemento completo con le barrette ricoperte di cera. Per il mio uso ho fabbricato una semplice scatola.

Nella foto accanto vedete invece la casset-

ta di Kai Serschman[7] in cui è possibile anche monitorare il passaggio delle api dal basso verso l'elemento (grazie a un'apposita griglia).
Quando tutte le api saranno passate e insediate si può spostare l'elemento nella nuova posizione, ingrandendo immediatamente l'arnia.
Quindi ricapitolando: si cattura lo sciame con la cassetta leggera (sull'albero, sui cespugli, ovunque) si appoggia il più vicino possibile alla posizione della cattura, si aggiunge l'elemento Warré e si apre l'apertura che fa da ingresso, una volta ben posizionate le api (tenderanno naturalmente a formare il glomere in alto) ritireremo la cassetta piglia-sciami e sposteremo l'elemento al posto definitivo.
Rare volte mi è capitato di dover forzare uno sciame ad andare in alto sulle barrette: quando è successo ho soffiato del fumo nella mia scatola attraverso dei fori che avevo aperto con il trapano nella parte bassa. Con la cassetta di Kai si può ottenere lo stesso risultato aprendo la parte con la rete e soffiando il fumo da lì.
Può succedere che veniate chiamati per allontanare uno sciame insediatosi nello spa-

7. Dal forum del sito www.immenfreunde.de

La cassetta piglia-sciami di Kai Serschman.

Lo sciame si sposta ed entra dall'ingresso principale.

Ospiti in salotto.

zio di una finestra (cosa molto frequente nelle costruzioni rurali in Toscana). Per questo intervento occorrono degli oggetti appositamente preparati. Niente di particolarmente complicato o difficile da realizzarsi.
Nella foto più avanti si vede un favo ricostruito: si usa un telaio Warré (e non come questo Dadant appositamente preparato) cui è stata attaccata precedentemente, su un lato, una fitta rete di fili di rafia inchiodati al telaino. Tolto un favo dal nido, si rifila con il coltello e si adagia nel riquadro e poi si forma una rete simile dalla parte opposta per contenere la cera come in mezzo a due fette di toast. Se i pezzi di favo fossero piccoli e si muovessero all'interno del telaio potremmo mettere un appoggio sul lato inferiore che faccia da spessore, ad esempio un bastoncino o un pezzetto di canna spaccato in due e appoggiato sul lato concavo; incastrandosi in questo modo terrà aderente il favo alla traversa superiore e le api saranno in grado di riattaccare il tutto, visto

Recupero di un favo da parte di Lucia Cesarini*

* Apicoltrice formata con i corsi ERATA a Cecina (LI).

che esse possono farlo soltanto partendo dall'alto. È un buon sistema per intelaiare i favi selvatici e renderli più robusti per il successivo trasporto. È un metodo antico, spiegato nei vecchi libri di apicoltura poi caduto in disuso.
È un'operazione che prevede, magari per la prima volta, l'aiuto e il supporto di un vecchio apicoltore, più che altro per tenere sotto controllo la preoccupazione di sbagliare e la sensazione di non riuscire a gestire quelle migliaia e migliaia di esserini che fanno esattamente il contrario di quello che vorreste voi.
È d'aiuto avere un piccolo tavolino accanto, protetto da un foglio di plastica, dell'acqua e vari recipienti, la rafia e i chiodini da calzolaio a disposizione, oltre ai pezzi di canna. Negli anni ho cambiato il martello e i chiodi con la pistola manuale spara graffette. Grande ingrediente è la calma mantenuta in tutte le circostanze che si possono presentare.
Oltre a riparare e ripristinare il favo le api, masticandola e spezzandola, riescono a "ripulire" la cera dalla rafia. In pochi mesi nessuno noterà la provenienza di questa famiglia da un recupero forzoso.
A mano a mano che si tolgono i favi che formano il nido, avremo l'accortezza di allontanare le api con il fumo. Una volta liberato il favo, lo taglieremo dall'alto facendo molta attenzione che contenga quasi esclusivamente covata. I favi pesanti colmi di miele vanno liberati dalle api, staccati e messi dentro un secchio con il coperchio (mal si prestano a essere riutilizzati).
Lasciando spazio ai ricordi, a 16 anni ho iniziato a raccogliere le famiglie così, anzi peggio. Con Franco Mangoni si recuperavano le famiglie insediate nella base degli olivi. La malattia chiamata "lupa" (*Formes*

fulvus oleae) scavava sulla pianta, e quando il vuoto lasciato nel tronco era abbastanza grande, intervenivano le api.
Le api sciamavano nel vecchio albero iniziando a costruire la cera e a sterilizzare l'ambiente con la propoli. Nella maggior parte dei casi tutto si fermava e il male veniva bloccato. A noi, con i sistemi di raccolta affinati da generazioni di apicoltori, spettava il compito di iniziare il travaso.
Le fasi del recupero erano:

1. con un sondino di ferro, saggiando le radici al piede dell'albero, riuscivamo a stabilire la forma e l'orientamento della cavità;
2. stabilito dove era la famiglia, dall'alto si iniziava a rimuovere pezzi d'albero con il "manescuro", mezzo piccone e mezza ascia, dal basso si scavava più possibile mettendo a nudo le radici più grosse;
3. con un guanto di plastica spessa, una volta aperta la cavità sufficientemente per il passaggio di una mano, si toglievano pezzi di favo staccandoli dall'alto;
4. chi staccava i favi li passava al "rifinitore" per l'intelaiatura della cera come sopra descritto.

Tutto questo mentre in pieno giorno diventava buio per gli insetti in volo, e le nostre protezioni artigianali venivano messe a dura prova da nuvole di api inferocite...

Cattura degli sciami con arnie trappola

C'è un altro sistema, molto semplice e molto antico nello stesso tempo, per incrementare il numero delle famiglie d'api. Già Columella nel I secolo d.C. ne consigliava l'attuazione: attirare gli sciami selvatici con le arnie trappola (*bait hive*). Bisogna arrivare ai giorni nostri e al libro di Wyatt Mangum "Top Bar Hive Beekeeping" per ritrovare una trattazione esaustiva del come, dove e quando preparare e posizionare le arnie attira-sciami.
Columella riassumeva semplicemente così il suo principio: dato che lasciare un'arnia vecchia a disposizione degli sciami di passaggio è un'operazione semplice e a costo nullo, fai in modo che il guadagno degli sciami catturati sia maggiore delle perdite degli alveari per furto.
In sostanza la scelta deve essere indirizzata principalmente a lasciare due o più arnie vuote per ogni apiario posseduto, inoltre, se si dispone di luoghi sicuri su terreni di amici e conoscenti, si possono incrementare a volontà le arnie (o le scatole appositamente preparate) lasciate sul territorio.
Le arnie trappola dovrebbero aver già contenuto delle famiglie ed è preferibile che abbiano all'interno degli abbozzi di costruzione. Dovendo costruire ex-novo delle arnie trappola conviene seguire le misure standard (30x30x21 cm), preferendo, se possibile, il collocamento in alto rispetto a quello per terra o sulle basi per arnie. Da studi effettuati sembra ottenere risultati migliori il posizionamento delle arnie a 3 e più metri di altezza.
Non sorridete, l'incremento della sciamatura naturale, per reazione alle malattie e ai parassiti, è un effetto sotto gli occhi di tutti gli apicoltori professionisti. Probabilmente anche questa volta l'uomo ha forzato questo comportamento con i tentativi di ibridazione con razze di api che difficilmente sarebbero naturalmente venute a contatto, come l'africana (*Apis mellifera scutellata*) e l'ape europea (*Apis mellifera mellifera*). Prove concrete di questo fenomeno sono rappresentate dalla colorazione degli ibri-

Sciame di soli fuchi all'esterno di una famiglia.

di e dai comportamenti inusuali per l'ape italiana. Un esempio è il fenomeno, documentato da Maurizio Fortuna[8], della formazione all'esterno dell'alveare di uno sciame di fuchi.

8. Apicoltore formato nei corsi di apicoltura Warré a San Vincenzo (LI).

Altri comportamenti fuori dalla norma sono: l'insediamento e la costruzione dei favi all'aperto e l'uscita e il successivo ritorno nell'alveare di partenza all'atto della sciamatura, quest'ultimo comportamento può ripetersi, in alcune famiglie, per molti giorni.
Anche le arniette pronte per l'uso, già preparate con telai vecchi per il riutilizzo possono essere utilizzate da attrattive esca.
Nei giorni precedenti l'arrivo dello sciame, potremo osservare molte api esploratrici che, con voli ricorrenti effettuati dentro e intorno all'arnia, iniziano a valutare il sito in termini di esposizione al sole, di vibrazioni, di fastidi (presenze di animali o persone), forza del vento e altro. Durante questi voli esplorativi è essenziale, se vogliamo far arrivare la famiglia, non spostare niente all'interno dell'arnia. Al calare del sole, se vogliamo introdurre dei telai già costruiti in un arnia che è vuota o altri micro cambia-

Apiario di Maurizio Fortuna con famiglie a vari stadi di sviluppo.

L'arrivo di uno sciame dall'esterno.

Ingresso dello sciame nella cassetta trappola.

menti, possiamo farlo senza nessun timore. Un altro metodo di popolamento, definito "lento", è quello utilizzato nelle apicolture cosiddette "semi-razionali" che erano la prassi prima degli anni '30 del '900.
D'altronde i costruttori e le associazioni in Italia si dettero appuntamento nei congressi di quegli anni per "digerire" le misure che venivano dall'America dove l'inventore dello spazio d'ape sembrava essere il reverendo Lorenzo Lorraine Langstroth. Da allora in poi la standardizzazione delle misure e l'introduzione del foglio cera con celle prestampate uguali per tutto il pianeta hanno rappresentato la costrizione più pressante per la biologia delle nostre api, costrette, loro che sono molto adattabili in termini di spazio e di forma delle costruzioni, ad abitare ambienti quadrati e regolari come un cimitero militare americano.
Negli anni precedenti si era confermata, specialmente nelle apicolture legate alla dimensione della piccola proprietà contadina, l'utilizzo di un nido variabile (con cassette e legnami recuperati ovunque) e un melario aggiuntivo (semplicemente un altro vano libero da porre sopra al nido), dove le api istintivamente riponevano il miele e dal quale l'apicoltore toglieva "la terza parte del raccolto", uniformandosi così ai dettami di Columella del I secolo d.C.
Attraverso l'umana attitudine a "riscoprire" le cose del passato, frutto di esperienza diretta e non di studio teorico, oggi assistiamo alla nascita dell'arnia di Perone, un sostenitore della permacultura applicata alle api, fondata su questo semplice principio: lasciare le api libere di costruire in basso, dirigendo poco e limitandosi a suggerire l'attacco dei favi con piccole strisce di cera, lasciare indisturbate le api per tutta la loro esistenza, ed estrarre il miele solamente dai

pezzi aggiuntivi in alto.
Secondo la logica del modello di agricoltura *"militarizzato, meccanico, riduzionistico e frammentato, che oscura i fondamentali contributi delle diverse specie, dei processi ecologici e delle funzioni naturali che questi svolgono e di cui sono parte integrante"* per usare le stesse parole di **Vandana Shiva,** questo tipo di apicoltura è bollata ai giorni nostri come **arcaica** e **anacronistica,** ma a mio avviso invece la reazione alla grande crisi dell'apicoltura moderna e alla sparizione progressiva delle api e degli ambienti a loro adatti, passa proprio dal recupero di questi metodi. Si tratta di principi che escono dalla visione industriale della Rivoluzione Verde in agricoltura (fertilizzanti, pesticidi, diserbanti, dipendenza dal petrolio, ogm e brevetti sui semi...) e permettono il riutilizzo dell'intera filiera del miele, dall'arnia al barattolo, da parte dell'apicoltore/agricoltore, facendolo ridivenire soggetto e padrone delle proprie risorse.
La reazione dell'apicoltura industriale è quella di aumentare le molecole chimiche di contrasto contro le parassitosi e le virosi, l'ibridazione e l'importazione di api esterne agli habitat di riferimento (ligustica in Cina, africana in Europa ecc.), il ricorso massiccio all'alimentazione forzata a base di zuccheri indigeribili per l'intestino delle api. Si tratta però di metodi che rinforzano la resistenza nei batteri e nei parassiti e che inseriscono variabili incontrollabili negli ecosistemi, a scapito della biodiversità.
Si reagisce alla progressiva sparizione delle api e alla diminuzione dell'introito derivato dai loro prodotti, non cambiando paradigma produttivo, ma intensificando le pratiche "estreme"(più prodotti di sintesi, più manipolazioni, invocazioni al ricorso dell'ogm ecc.), bollando chi ricerca vie più biocentriche come arcaico, idealista, antimoderno e illuso. Basta esplorare un poco i forum italiani sulle arnie alternative per vedere a che livello è posta la questione. Pur non essendo mai stato esterofilo, chi ha la fortuna di leggere il francese, il tedesco o l'inglese può, sui forum che trattano gli stessi argomenti, respirare un'aria del tutto diversa in cui regnano l'interesse per la ricerca e la collaborazione, visioni libere da da ogmi, e la volontà di condividere soluzioni pratiche e critiche costruttive.
Oggi Facebook ha trasformato ogni persona (predisposta) in un fustigatore, e il mondo in un luogo dove il metodo empirico e l'esperienza fattiva si sono trasformati in sentenze virtuali e contrapposizioni, un rumore di fondo che non serve né a se stessi né agli altri.
Tutti possono essere tutti, come nel gioco dell'oca si possono saltare le caselle e con "Second Life" possiamo ricoprire qualsiasi ruolo, in tutti i settori e in tutte le attività umane.
Sono un ragazzo del secolo scorso (si può ben intuire), ma questa dequalificazione globale sta facendo danni ingenti anche all'apicoltura, **formazione e qualificazione** saranno i rimedi.

Gli adattatori Dadant-Warré

Il popolamento dei nostri elementi può avvenire preparando degli **adattatori Dadant-Warré**, che permettano il passaggio lento delle api, in sincrono con l'arrivo della bella stagione e l'inizio del flusso nettarifero, permettendoci di creare nuove famiglie in modo non traumatico e costante. Nell'immagine seguente viene mostrato l'adattatore, posto sopra una buona famiglia, con l'aiuto

di qualche favo da utilizzare come "scala".
Non tutte le famiglie si rivelano adatte allo sviluppo dei pezzi aggiuntivi. Per la buona riuscita è fondamentale la fornitura di favi (o quantomeno di strisce di materiale) che, essendo attaccati alle traverse superiori, impediscano alle api di costruire a "stalagmite" partendo dal basso e creando una costruzione disarmonica e caotica.
La costruzione dell'adattatore può iniziare ricavando da un vecchio coprifavo Dadant

Passaggio lento con adattatore Dadant-Warré.

L'adattatore visto da sotto con i favi starter.

Adattatori pronti per il campo.

L'adattatore Dadant-Warré visto dall'alto.

Il fissaggio artigianale con il fil di ferro.

un foro quadrato leggermente più piccolo dell'elemento Warré, questi preparativi possono essere fatti in inverno, scegliendo anche dei pezzi di favo da adattare all'elemento, niente vieta che il favo "scala" possa essere ricavato da un telaio da nido Dadant, privato delle stecche laterali e tagliato alla sommità per adattarlo alle misure Warré.
Tutti gli elementi Warré che ho fornito, nel corso degli anni, sono stati accettati e popolati dalle api. L'unico insuccesso è avvenuto nel tentativo di far passare delle api "selvatiche", che si erano appropriate di una pila di melari vuoti (cinque), all'interno del mio elemento. La spiegazione, visto che la famiglia è insediata e viva da tre anni, è che avendo a disposizione un volume così ampio non abbiano sentito il bisogno di costringersi in uno più piccolo, specialmente se l'apertura di passaggio è un foro di un disco a quattro posizioni del tetto.
Il passaggio può essere ottimale specialmente in presenza di materiale tradizionale deteriorato, casse Dadant che non sopporterebbero una transumanza, famiglie su telai molto vecchi e in tutti quei casi che sottintendono un cambiamento totale del materiale. La migrazione lenta in Warré, una volta costruita l'ossatura di cera, potrà essere accelerata con il ricorso al fumo e al "tambusso", alla pratica cioè che veniva utilizzata per passare dai bugni rustici alle cosiddette "arnie razionali": affumicare fortemente le api facendole scappare nella struttura in alto, accompagnando il tutto con dei colpi ritmici dal basso verso l'alto, con un bastone di legno sulle pareti dell'arnia stessa.
L'adattatore può essere messo anche al di sotto di un nido Dadant, in questo caso, oltre la stabilità da tenere sotto controllo (con tiranti, con pesi ecc.), dovremo controllare la lenta colonizzazione delle api nei nostri elementi Warré, insediamento facilitato dal fatto che l'unica apertura è forzatamente in basso.
Questa soluzione è abbastanza laboriosa e prevede la possibilità di avere delle Dadant senza il fondo fisso, cosa che in Italia è altamente improbabile.
L'arnia originale di Charles Dadant prevedeva invece un corpo nido completamente separato, che aiutava nei casi di riunione delle famiglie o semplicemente nella creazione di sciami artificiali: era sufficiente dividere i telai di covata tra due corpi nido divisi da una griglia escludi regina. Nelle arnie "moderne" questa opportunità si è completamente persa.
Benché lenta si tratta di un'ottima soluzione: considerate che nel recupero delle famiglie selvatiche questo è il metodo utilizzato. Si chiudono tutte le aperture tranne una, questa si congiunge, con un tubo o altro, con la cassetta dove si vuole che passi la famiglia. Se abbiamo avuto l'accortezza di predisporre delle barrette con la cera piano piano, dipende dalla forza della famiglia, le api inizieranno a costruire e la cera nuova, lo sappiamo, è un grande richiamo per

la deposizione della regina.
Le bottinatrici passeranno esclusivamente da lì e considereranno la nuova cassetta l'estensione del vecchio nido.
Va ricordato che, comunque, la colonizzazione dello spazio da parte delle api segue il movimento dall'alto al basso, in natura s'intende, e che quindi fornire lo spazio in basso è agevolare il normale sviluppo delle cavità naturali.
Le api, che hanno l'orrore degli spazi vuoti, nelle Dadant salgono al contrario solo perché hanno i telai e i fogli di cera che gli fanno vincere la paura.

Come si presenta un pacco d'api.

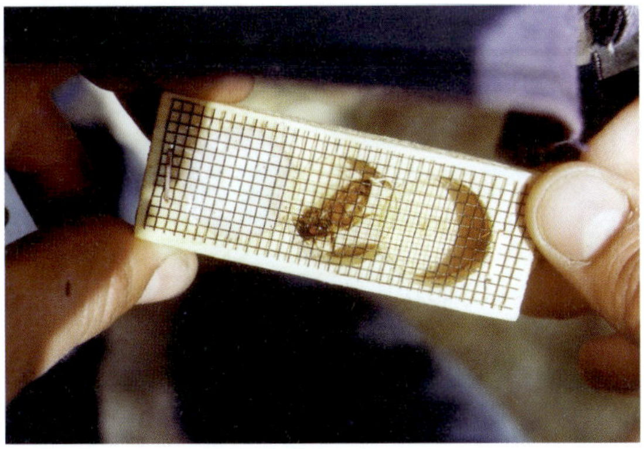

Regina in gabbietta di legno, con il candito a sinistra.

I pacchi d'api

Per un popolamento più veloce, esiste un'altra possibilità. Ultimamente le aziende d'apicoltura, specializzate nella vendita di sciami, hanno introdotto l'uso dei cosiddetti pacchi d'api (*package of bees*), una scatola in legno contenente alcuni kg di api e una regina in una gabbietta separata da liberare una volta ricevuto il pacco e iniziata la procedura di travaso della famiglia stessa nell'arnia di destinazione.
Inserire le api nell'arnia da un pacco d'api prevede una semplice serie di operazioni.
Si stacca dal box la gabbietta dove è inserita la regina, si stappa il lato dove è contenuto il candito (quasi sempre c'è un tappino di sughero, in quelle moderne in plastica c'è una linguetta da rimuovere) e si inserisce verticalmente con il candito in basso fra le barrette della nostra arnia. La gabbietta si sospende con l'aiuto di uno stecchino da denti, e il candito viene sempre messo in basso per scongiurare, nel caso che il calore della famiglia lo sciolga, un impiastricciamento della regina che potrebbe avere degli esiti letali.
Togliamo quindi il nutritore e la gabbia e facciamo passare le api dal foro che si crea.

Il foro di uscita sulla scatola (la regina è già stata sistemata sul fondo).

Si scuotono le api sulla regina ingabbiata e le barrette.

Si fissano le barrette incastrandole nei chiodi già preparati.

La scatola con le api posizionata davanti all'entrata.

Con movimenti decisi scuotiamo le api dentro l'elemento aggiunto. Non tutte le api passeranno fuori della scatola, ma è nostra cura, basculando la scatola, fare in modo che ne escano il più possibile.
Nel giro di quarantotto ore il candito verrà mangiato e la regina si libererà prendendo possesso dell'alveare e iniziando la sua vita da ovodepositrice. La gabbietta andrà rimossa con calma nelle settimane successive.
Dopo aver chiuso l'alveare con le barrette, il panno, il coprifavo e il tetto, possiamo lasciare la scatola con le ultime api ancora dentro in prossimità della porticina.
L'odore della regina e della famiglia faranno svuotare progressivamente tutta la scatola, che verrà poi rimossa.
Volendo dare un aiuto suppletivo alla nostra famiglia, possiamo utilizzare il nutritore per fornire un po' di sciroppo alle api (sicuramente stressate dalla cattività) avendo cura, con il nostro solito metodo, di spostare il panno o la plastica sulle barrette, mettere il barattolo rovesciato e racchiudere il tutto con un elemento vuoto, coprifavo e tetto.
Inizieremo a parlare della gestione semplificata vera e propria delle arnie, ma dopo averle installate, se avessero bisogno di spazio, bisogna ricordare che le Warré si ingrandiscono inserendo un nuovo elemento **in basso**.
Quindi, se dovessimo vedere la famiglia diventare via via più forte, la prima operazione da fare (sia per scongiurare la sciamatura che per preparare le arnie a una successiva divisione) è l'aggiunta degli elementi.
Il pacco d'api è un modo semplice ma abbastanza oneroso di iniziare il nostro allevamento, in considerazione anche del fatto che chi commercia in api (non sempre, ma il

più delle volte) tende a costruire il suo capitale vivente da vendere servendosi di "puntelli" come gli antibiotici e la somministrazione di integratori zuccherini e/o proteici per l'incremento del numero delle api stesse. È un po' come acquistare una pianta dal vivaio specializzato che, bella e prospera nel momento dell'acquisto, si rivela debole e manifesta subito qualche carenza nutrizionale appena portata nel nostro appartamento. Lungi da me accorpare tutti gli allevatori sotto questo comportamento, però, poter iniziare con api "selvatiche" e quindi "biologiche" in tutti i loro aspetti è, nel male e nel bene, la soluzione preferibile.
A proposito di api biologiche... Vorrei raccontarvi un aneddoto accaduto molti anni fa, eravamo all'inizio della formazione delle aziende certificatrici dei prodotti biologici in Italia. Questo movimento riguardava anche le api e quindi facemmo una riunione regionale a Firenze avendo come relatore il responsabile di uno di questi enti. Dopo l'introduzione e la relazione dove furono utilizzate (pur essendo molti anni fa vi ripeto) le stesse parole ancora in uso oggi: sostenibilità, biodiversità, filiera, prodotti tipici, valorizzazione ecc. ecc. al momento delle domande mi alzai e chiesi se le api, da me allevate dal 1977 e catturate tutte nel folto della macchia mediterranea caratteristica del luogo dove vivo, si potessero considerare "biologiche" mi fu risposto che tali possono essere considerati solo gli sciami di api acquistati da aziende certificate "biologiche". Alle mie rimostranze, e alle mie argomentazioni e cioè che le mie api, che inconsciamente avevano vissuto da 40 milioni di anni riproducendosi liberamente in natura e giungendo fino a noi, senza certificazione, avevano il diritto di ricevere *honoris causa* un certificato di autenticità, mi venne data la risposta secca e stizzita che in carenza dell'iter burocratico (messo in essere dall'ente stesso) le api non avrebbero mai e poi mai potuto essere riconosciute "biologiche". Mi alzai e andai a fare un bel giro nella bella città di Firenze. Da quei lontani anni non ho più cambiato idea sugli enti certificatori, sui loro fogli, sulla loro carenza di analisi effettive sui prodotti (perché costano!), sui loro balzelli economici sui sigilli e sui controlli (paga e etichetta, scrivi che io sfoglio), sul fatto che, pur essendo cresciuti a dismisura gli enti di certificazione, a fine anno, nessuna azienda iscritta perde la certificazione perché è andata fuori conformità.
Come dire che i diavoli sono da tutt'altra parte e a noi sono rimasti solo gli angeli... paganti. *Sic transit gloria mundi*.
Provate a chiedere a un motore di ricerca "enti certificatori bio in Italia" e guardate se riuscite a venirne a capo.
Da parte dei GAS (gruppi d'acquisto solidali) si tende oggi a sostituire la certificazione canonica con la certificazione partecipata, un metodo per controllare più da vicino i fornitori dei gruppi in modo più coinvolgente e meno "meccanico" (vedi il capitolo: "I GAS e i sistemi di garanzia partecipativa"). Dopo avere letto il capitolo in questione comprenderete meglio gli aspetti che più stanno a cuore ai "consumatori", differenza fra questo tipo di approccio alla produzione alimentare e il ricorso, invece, al semplice "bollino".
Già che ci siamo vi consiglio anche la lettura del volume "Genuino Clandestino", pubblicato da Terra Nuova.

CAPITOLO 5

Nomadismo con arnie Warré

In apicoltura estensiva la pratica del nomadismo, termine che sottintende lo spostamento fisico delle arnie per incrementare la produzione, può sembrare fuori luogo.
In effetti la caratteristica principale delle arnie illustrate in questo manuale è la stanzialità, è quindi l'apicoltore a doversi spostare tra i vari apiari (anche distanti tra loro) per riuscire a incrementare la redditività e poter vivere d'apicoltura. Nel ricordarvi ancora che la soglia dell'indipendenza economica per le arnie Warré è stimata attorno alle duecento arnie (per tre elementi ciascuna fanno seicento elementi!) l'idea di spostare su raggio breve questo tipo di arnie non è comunque un'idea completamente peregrina.
I punti di forza della arnie Warré sono: il ridotto peso assieme alla presa ergonomica e ben centrata; la possibilità di caricare su un mezzo una quantità di famiglie impensabili con il sistema Dadant; la possibilità di rendere solidali tutte le parti mobili con un nastro a cricchetto riutilizzabile all'infinito.
I punti di debolezza sono: la scarsa superficie di base e la facilità con cui le arnie possono cadere quando sono su tre elementi e quindi la maggiore attenzione necessaria nel percorrere con il veicolo strade accidentate, frenate brusche e curve con accelerazione centrifuga; il rischio di soffocamento della famiglia se non si prevede una griglia di aerazione.
Ecco dunque le buone pratiche da osservare quando si fa nomadismo con le Warré: l'arnia è senza telai, quindi il trasporto va fatto con i favi ben consolidati e rinforzati dalla propoli, arnie con favi nuovi, con famiglie da poco insediate sono a grande rischio; tutti i fori vanno chiusi con stucco da vetrai, giornale bagnato o plastilina, tranne il coprifavo in alto che va sostituito con una rete anti-zanzare tenuta in sede dal quadrato in legno di 8 cm di spessore che ci è servito per la nutrizione e per l'utilizzo dell'apiscampo.
Una volta tappati i fori (il legno si muove e più saranno vecchie le arnie e più mini aperture dovremo occludere), metteremo il quadrato con la rete assicurandolo con il nastro a cricchetto assieme a tutte le parti mobili, poi, giunta la sera si chiuderà l'entrata principale (io preferisco il giornale bagnato che diventa cartapesta e si adatta a tutte le aperture) e potremo finalmente caricare le arnie. Se il mezzo è lasciato acceso la vibrazione del motore tranquillizza le api.
Sta alla bravura dell'apicoltore sistemare sul pianale le arnie nel miglior modo possibile; questo significa bloccarle contro gli scorrimenti, sia con corde tese con il nodo del "barrocciaio", sia con pezzi di legno o pallets segati ad arte che incastrandosi rendano il carico monolitico e fermo.
Questo nodo è facile a farsi ma difficile a spiegarsi (vedi fig. 20): l'asola scorrevole che si forma permetterà di stringere con pressioni fortissime il carico, sfruttando l'effetto bozzello (utilizzato da sempre sulle imbarcazioni e per bloccare i carichi in tutte le situazioni). Divertitevi a provare: l'occhiello che si forma resisterà benissimo

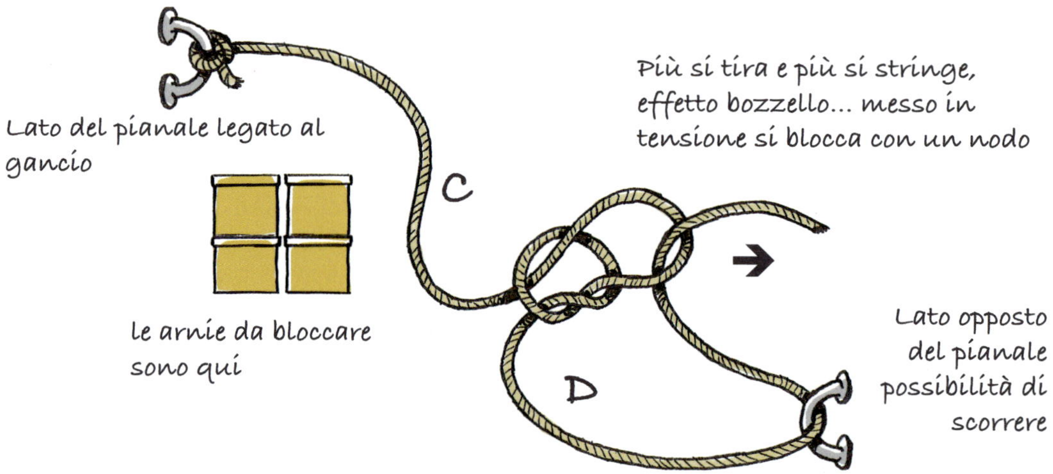

Fig. 20. Disegno esplicativo del nodo da barrocciaio.

alla corda di trazione, ma una volta iniziato a slegare basta tirare il capo "D" e tutto si scioglierà istantaneamente (basta che abbiate lasciato "C" ancora ancorato alla parte opposta del pianale).

In caso di insuccesso ci sono sempre i nastri a cricchetto che si prestano anche troppo bene, visto che tendono a piegare le sponde in alluminio per la forza che esercitano. Con un po' di manutenzione (olio spray ogni tanto) durano più di quanto possiate immaginarvi.

Se le arnie Warré si prestano a una migliore logistica del trasporto, le arnie Top Bar al contrario hanno qualche problema in più. Tutti facilmente risolvibili con l'ingegno e la caparbietà ben inteso, ma che cozzano con la conformazione delle arnie stesse. Le TBH offrono una base piccola, mal si prestano a essere ventilate e, normalmente, possono essere caricate una accanto all'altra solo con grandi perdite di spazio utile. Per i telai restano le stesse avvertenze: i favi durante il trasporto devono sempre essere orientati nel senso di marcia, in difetto si ha alla prima frenata la rottura dei favi più pesanti (quelli che contengono miele), con conseguenze disastrose sulla famiglia.

Questo non ha impedito a Wyatt Mangum di trasportare per 25 anni in lungo e largo per gli Stati Uniti d'America 200 arnie Top Bar.

Il trasporto coninvolge spesso mezzi pesanti (camion) che consentono il carico di un elevato numero di arnie, ma il nomadismo può essere organizzato anche a misura d'uomo.

Per non scoraggiarvi, comunque, considerate che nell'antichità sia gli egiziani che i romani spostavano normalmente le arnie, che erano costituite con i materiali e nelle forme più disparate.

Gli elementi legati con il nastro a cricchetto pronti per il trasporto.

Un ulteriore elemento di sicurezza durante il trasporto sono i "chiodi per arnia" a forma di graffette.
Non ne ho trovati di simili in Italia (3 cm lato lungo e 1 cm i due terminali); sono commercializzati nei paesi anglosassoni e servono per rendere solidali i pezzi mobili, inchiodandoli. Questi verranno successivamente "liberati" semplicemente facendo leva sui chiodi e togliendoli. Sono ordinabili via Internet ma, per via del loro peso, il costo di spedizione risulta molto superiore al costo d'acquisto.
Il ricorso al nomadismo allunga il periodo del raccolto, anche perché nelle fioriture un periodo di venti giorni rappresenta già una fioritura durevole. Considerate che per fare del miele monoflora d'acacia si inizia a raccogliere sulle fioriture in pianura e poi, mano a mano che fiorisce salendo in alto, si inseguono i fiori.
È sempre meglio essere preparati per gli spostamenti: il proprietario del terreno potrebbe chiedervi di spostare le arnie per lavori o altre esigenze, o voi vi potreste accorgere che alcuni trattamenti effettuati in agricoltura stanno decimando le api, oppure, più semplicemente, le arnie che ave-

te utilizzato per testare un territorio come testimoni della sua validità, vi potrebbero consegnare dopo alcuni anni una statistica negativa sulla quantità di miele prodotto e quindi potreste decidere di lasciare la zona in quanto scarsamente produttiva. Utilizzando un motto degli scout, *Estote parati*, siate preparati anche a questa evenienza.
Essere pronti in maniera pragmatica vuol dire anche, magari, stipulare una assicurazione contro eventuali danni causati durante il trasporto e il carico o scarico. Le riviste d'apicoltura permettono una stipula di queste coperture a un costo veramente basso.
Il luogo d'arrivo delle arnie, il nuovo apiario, dovrà già essere predisposto prima della venuta delle famiglie, avendo cura di decespugliare e di preparare i bancali dove alloggiarle.
Ci sono due correnti di pensiero, una che dice di realizzare delle basi comuni dove poter appoggiare più arnie contemporaneamente, l'altra di preparare una base singola per ogni cassa per diminuire le vibrazioni e il disturbo al momento della visita. È evidente che nel caso di basi multiple, quando visito una famiglia comunico i movimenti a tutte le altre appoggiate sullo spazio piano. Questa differenza non è secondo me troppo significativa, lascio alle valutazioni personali; ovviamente una base multipla costa meno, ma è necessario che sia strutturata in modo da poter utilizzare l'elevatore al bisogno e che sia economica. Le basi meno costose sono costituite da pallet industriali riciclati e da blocchi di cemento (tipo blocchi cassero) che costano poco ma sono molto pesanti da movimentare.
Nell'ottica di avvicinare all'apicoltura anche le persone con minori capacità motorie o disabilità, anche lo studio dei supporti può risentire di un utilizzo di apparecchiature che agevolino le movimentazioni (raccolte, spostamenti, controlli ecc.). Personalmente utilizzo da anni un muletto elettrico per il sollevamento delle arnie e la movimentazione dei materiali (vasetti, arnie, secchi di miele ecc.), di conseguenza l'uso dei pallet che ho introdotto aiuta la gestione di tutti i momenti che hanno bisogno di questo supporto tecnologico. Anche se l'acquisto è impegnativo e si giustifica solo con una attività commerciale remunerativa, ciò non toglie che all'interno di cooperative di lavo-

Un mezzo di trasporto ecologico per le arnie.

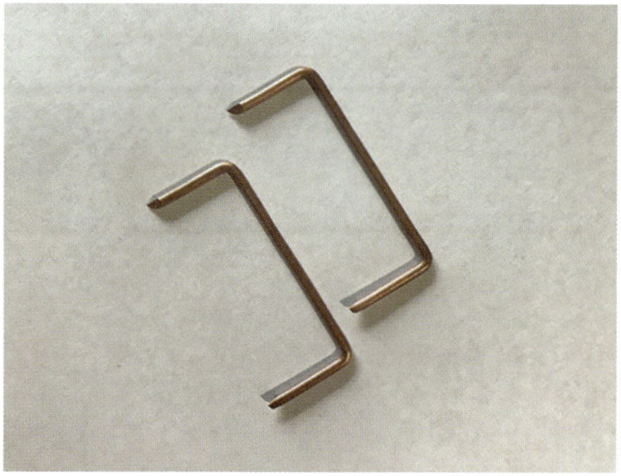

Chiodi per arnia (Hive staples).

ro un'organizzazione del genere possa essere attuata.
Il muletto Papillon, con grandi capacità lavorative e di durata è riuscito a movimentare tutti i pesi più impegnativi, sia in apiario che in laboratorio, senza contare il valore aggiunto dell' assenza di produzione di fumi inquinanti e di qualsiasi rumore nel momento del suo utilizzo.
Il progetto del muletto è stato sviluppato dalla ditta Matrans Concept[9] di Frontonas vicino alla città di Lione, progetto oleodinamico costruito sopra una carretta per l'edilizia messa a punto dalla ditta Zallys di Verona.

Le capacità inventive e costruttive del signor Pierre Ogier, responsabile dell'officina, hanno permesso di assemblare uno strumento veramente utile per l'apicoltore professionista; la sua prematura scomparsa ha fermato purtroppo tutta l'attività (ma niente vieta che altri possano di nuovo mettere a frutto le capacità e le conoscenze del gruppo degli operai dell'officina).
Vi sono altre soluzioni a bassissimo budget che mi sembra opportuno presentare per sottolineare che con queste piccole arnie non si è necessariamente esclusi dalla possibilità di produrre miele.

9. La ditta purtroppo ha chiuso nel 2013.

Warré su basi di cemento.

Il muletto Papillon elettrico può essere utilizzato sia per il nomadismo che per la raccolta.

Nel secolo scorso un telaio come quello illustrato nelle figure 21 e 22 e serviva per spostare gli elementi dell'arnia senza sollevarli, mettendo fuori asse un elemento (magari colmo di miele) per il successivo carico su di una carretta, senza forzare di un solo chilogrammo la colonna vertebrale.
Con un po' d'ingegno e di capacità nell'uso del saldatore, è possibile costruire una carretta da movimentazione (fig. 23) per le arnie complete, che pur basandosi sull'uso della sola forza umana, permette di muovere grandi pesi con pochissima fatica. Si tratta di un progetto scovato in rete, che non ho provato, ma l'utilizzo delle leve e dello sfruttamento dell'energia metabolica mi ha sempre interessato e vi carico della responsabilità e del rischio di realizzarlo. Può essere assemblato con materiale di recupero.

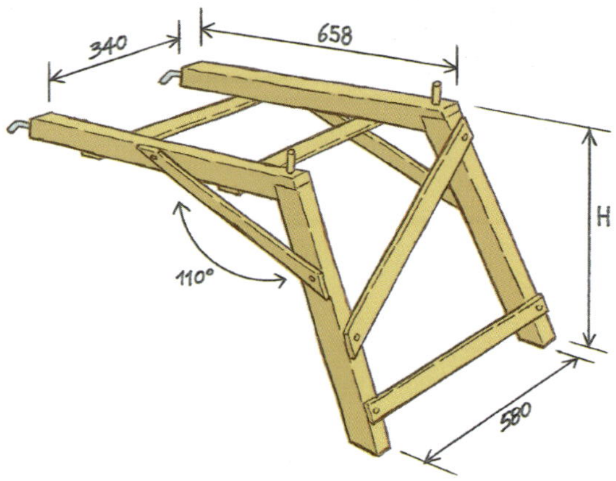

Fig. 21. Schema costruttivo del telaio.

Fig. 22. Telaio per spostare un elemento pieno e pesante (18 kg circa).

Carretta per arnie.

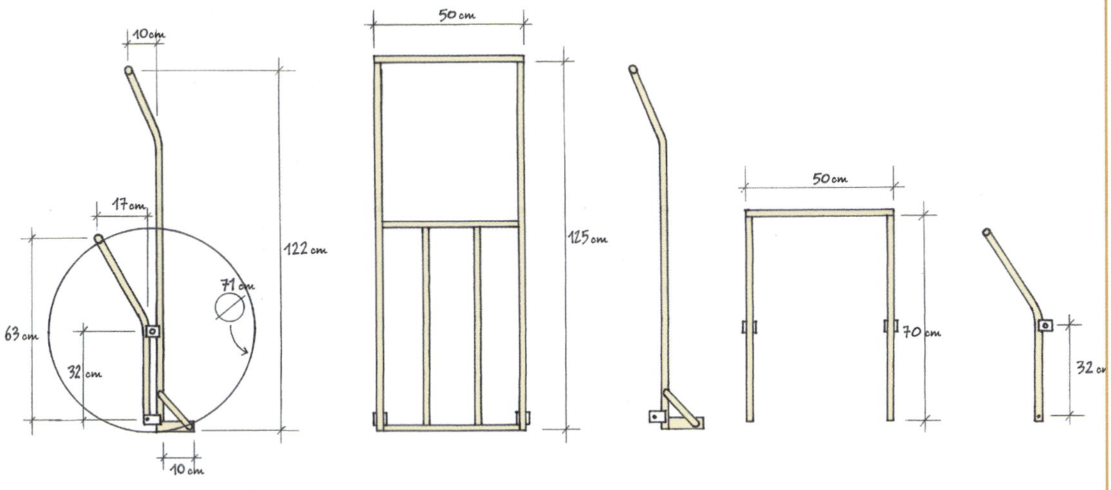

Fig. 23. Dettagli costruttivi della carretta per arnie.

CAPITOLO 6

Calendario dei lavori e ispezione di controllo

Vediamo insieme le fasi della vita di una colonia durante l'anno (celendario riferito alle condizioni climatiche del litorale mediterraneo) e i lavori che ci aspettano di conseguenza.

GENNAIO

Preparare e verificare la funzionalità di tutto il materiale apistico in previsione dell'espansione della famiglia. Durante le belle giornate, le api effettuano dei voli di pulizia. In genere, le api non depositano le proprie deiezioni dentro l'alveare, se lo fanno è segno di una patologia in atto. Le api morte e cadute alla base del glomere vengono portate fuori dall'alveare.

- Preparare tutta l'attrezzatura e in particolare:
  - gli elementi Warré con barrette cerate, fondi, coperchi e tetti;
  - le TBH con i portafavi cerati;
  - affumicatore, maschera a giubbotto, guanti, leva;
  - sciroppo (diluire 1 kg di zucchero in 1 l d'acqua) per veicolare alle api le sostanze curative: acido citrico (5 g/l), aglio in polvere. Somministrare in piccole quantità, controllando l'assorbimento.
- Trattare con 2,5 g di acido ossalico utilizzando l'apposito sublimatore.
- È il momento migliore per acquistare materiale apistico o nuove famiglie.

FEBBRAIO

Controllare la forza e lo stato di salute della famiglia effettuando un'accurata osservazione dell'arnia dall'esterno.

- Ascoltare il brusio delle famiglie, ponendo l'orecchio sull'arnia, osservare la frequenza di volo e verificare, in una bella giornata, se le bottinatrici stanno raccogliendo il polline.
- Controllare i predellini cercando eventuali larve morte, tracce di covata calcificata o deiezioni imbrattanti.
- Dall'attenta osservazione del fondo diagnostico è possibile controllare l'esatta espansione della famiglia ed eventuali anomalie, come la presenza di briciole grossolane di cera, segno di un attacco di topi.
- Controllare la caduta di varroe.
- Se l'arnia dovesse sembrare troppo leggera, prendere in considerazione l'opportunità di un'alimentazione d'emergenza a base di candito.

MARZO

Nei primi giorni del mese, in occasione di una bella giornata di sole, effettuare la prima visita interna all'alveare.

- Verificare lo stato della famiglia, la presenza e l'aspetto della covata; si può controllare la consistenza delle scorte, anche soppesando gli elementi Warré.
- Alzare i portafavi in sequenza nelle TBH, partendo dal davanti e valutare la consistenza delle scorte aprendo le arnie dalla parte posteriore. Attenzione: a causa delle temperature non troppo alte, le api saranno più aggressive rispetto ad altri periodi dell'anno.
- Se necessario, effettuare un trattamento con acido ossalico gocciolato e inserire il telaio trappola bio-meccanica per fuchi (vedi capitolo 8).

APRILE

Con l'innalzamento della temperatura, le api iniziano a essere in pieno movimento, sempre condizionate però dalla variabilità del tempo. I ritorni del freddo in questo mese possono essere catastrofici specialmente se è stata effettuata la divisione di qualche una famiglia, ritenuta idonea.

- A distanza di un mese dalla prima visita interna all'alveare è bene effettuarne una seconda, approfittandone per somministrare acido ossalico gocciolato.
- Negli apiari a ridosso del mare, le fioriture della macchia mediterranea possono incentivare e anticipare la sciamatura, in caso di dubbio si può inserire il plateau Barasc per creare nuove famiglie, senza un rischio eccessivo; nel peggiore dei casi si potrà sempre riunire gli elementi divisi.
- Dividere le famiglie più forti.
- Se non è stato già fatto, collocare le arnie trappola.

MAGGIO

Statisticamente è il mese in cui si registra il numero più elevato di sciamature, ma dipende ovviamente molto anche dal luogo in cui si trova l'apiario si trova. Nel litorale maremmano in alcuni anni gli sciami si sono formati da marzo fino a giugno.

- Preparatevi all'eventualità di dover realizzare qualche pezzo in tutta fretta.
- È possibile continuare a incrementare il numero delle famiglie tramite la divisione, si consideri però che quanto più dividiamo le famiglie, tanto minore sarà il surplus di miele.

GIUGNO

Le api lavorano duramente alla raccolta di nettare e polline riempiendo gli elementi. In questo mese il consumo di acqua da parte delle colonie sarà probabilmente più alto.

- Se nei pressi dell'apiario non è presente una fonte d'acqua sarà necessario portarla in loco. È sufficiente un bidone pieno d'acqua con delle scorze di sughero o pezzi di legno che vi galleggiano in superficie per non fare affogare le api. Il mio migliore abbeveratoio è costituito da uno strato di tappi di sughero lasciati galleggiare in un recipiente. Questa soluzione, elimina anche il fastidio causato ai vicini dalla ricerca spasmodica dell'acqua da parte delle api, che cercano di abbeverarsi a docce, piscine, acquai, sottovasi e altri fonti di acqua presenti.
- A seconda delle fioriture presenti in zona, si possono smielare alcuni elementi.
- È possibile effettuare un trattamento con stecche di acido ossalico + E422.

LUGLIO

Nella maggior parte delle località, con questo mese termina il flusso nettarifero più intenso.

- Oltre alle consuete procedure per la raccolta del miele è necessario mettere in atto le necessarie pratiche per la lotta alla varroa.
- Una volta estratto il miele, è possibile effettuare i trattamenti con il timolo, da ripetere ciclicamente ogni 7-10 giorni, e proseguire quindi anche nel mese successivo.
- Se non si è ancora smielato si può effettuare un trattamento con stecche di acido ossalico + E422, che - a differenza del timolo - non rilascia odori o sostanze nocive che possano compromettere una successiva smielatura.

AGOSTO

Nelle maggior parte delle località, le api vanno incontro a un periodo di sofferenza per la siccità e la mancanza di fonti nettarifere.

- È il momento più adatto per un'eventuale sostituzione della regina. Settembre e le sue piogge aiuteranno, con la nuova produzione di nettare, il riformarsi della famiglia.
- Proseguire con il monitoraggio per l'infestazione di acari. In alcune zone, la sospensione della covata a causa delle elevate temperature è totale ed è quindi il momento giusto per un trattamento di eradicamento dell'infestazione.
- Nelle Warré il miele è stato raccolto e da ora in avanti si lascerà il raccolto autunnale per il fabbisogno della famiglia.
- È il periodo più problematico per il saccheggio, poco nettare da raccogliere e molti alveari deboli da depredare.
- È possibile trattare con timolo.

SETTEMBRE

Si inizia a prelevare alcune parti superflue dell'arnia, che non verrebbero sufficientemente presidiate dalle api.

- Soppesare le famiglie per verificare eventuali anomalie.
- Installare dei riduttori all'ingresso delle arnie per impedire l'accesso ai topi.
- Per le famiglie forti ci può essere ancora qualche speranza per una raccolta tardiva di nettare.

OTTOBRE

Iniziano gli ultimi raccolti della stagione, le api che nascono in questo periodo supereranno l'inverno.

- Trattare gli apiari con acido formico[10].

10. In Italia è autorizzato il formulato MAQS (Mite Away Quick Streps) della Nod (vedi http://nodglobal.com).

NOVEMBRE

Verso fine mese le api cominciano a formare il glomere, in alcune zone si può verificare ancora della raccolta di nettare dalle fioriture tardive, come per esempio il corbezzolo. Anche per questo motivo la conformazione invernale della famiglia si forma e si rompe di continuo, a seconda delle temperature esterne.

- Si tratta nuovamente con acido formico.

DICEMBRE

Con l'inverno inizia il periodo di riposo, le api assumono la formazione sferica del glomere per resistere meglio al freddo. In ogni caso, nei giorni più caldi le api possono andare all'esterno per i voli di purificazione.

- È il periodo migliore per leggere libri e riviste d'apicoltura e preparare l'attrezzatura per la nuova stagione.
- Trattate con 2,5 grammi di acido ossalico utilizzando l'apposito sublimatore.

Ispezione dei favi di covata

Ispezionare i favi di covata di una colonia è un metodo utile, e alcune volte anche l'unico, per determinare la salute e le condizioni generali della colonia. Dovete quindi sapere cosa state cercando e interpretare correttamente il significato di ciò che trovate per effettuare una diagnosi.

Per staccare e analizzare i favi si opera in questo modo:

- si stacca l'elemento con calma e interponendo una zeppa, si osserva la famiglia e se non ci sono pezzi di favo attaccati si continua a sollevare
- se le maniglie sono state montate sul davanti e dietro (a favo freddo) la maniglia stessa fornirà lo spessore per tenere l'elemento inclinato davanti a noi (su un tetto piano); se invece le maniglie sono state montate ai lati (a favo caldo) occorrerà una zeppa per mantenere l'elemento nella stessa posizione di lavoro
- usando una leva larga si staccherà sopra e sotto i ponti di ancoraggio alle pareti di legno, forzando poi la barretta staccandola dai chiodini che la fermano e sollevandola. Si ripete per ogni favo che si vuole controllare.

Apertura per ispezione di una Warré.

Queste manipolazioni si possono effettuare tranquillamente prima del flusso nettarifero. Comprendete bene che in presenza di miele le possibilità di rottura aumentano esponenzialmente. Il favo non va mai girato lateralmente, poiché si staccherebbe; con l'esperienza si impara a girare i favi mantenendo sempre il loro orientamento verticale: è un movimento da acquisire.
In generale, un favo di covata sano semplicemente ha un bell'aspetto. Gli opercoli sopra le cellette hanno un colore di dolce sfornato, le larve sono bianche, luccicanti e "grasse". Tutti gli opercoli sono uniformi e la trama è solida con pochi fori e salti. Una buona regina inizia a deporre al centro della metà inferiore del favo e si irradia da questo punto salendo. A mano a mano che la covata più vecchia emerge la regina coverà di nuovo in quelle celle e nel centro adesso ci sarà la nuova covata. A partire dalla primavera il ciclo con questo meccanismo di deposizione verrà mantenuto e tutti gli stadi di sviluppo potranno essere rilevati a ogni ispezione.

L'elemento poggiato perpendicolarmente sulla maniglia.

Lista di controllo

La lista di controllo che segue, pubblicata nel 1996 dalla rivista Speedy Bee[11], offre preziosi suggerimenti per valutare lo stato di salute e lo sviluppo di un alveare. Vediamo insieme alcune situazioni che si possono presentare e le loro possibili cause.

ASSENZA DI UOVA E DI COVATA

a) non è la stagione della deposizione (troppo freddo, caldo torrido)
b) la regina è assente
c) è nata una nuova regina ma non depone ancora (periodo di transizione)
d) è diminuita l'importazione di polline.

ASSENZA DI UOVA MA COVATA PRESENTE

a) è terminato il periodo di cova, fine della stagione
b) la regina è morta o la famiglia sta preparando la sciamatura
c) mancanza di polline.

UOVA PRESENTI MA NIENTE COVATA

È ripresa la deposizione dopo essere stata bloccata per qualche ragione.

11. http://pwrbeekeepers.com/wp-content/uploads/2014/02/Brood-Inspection-Checklist.doc.

TEST DI PRESENZA DELLA REGINA

Se non ci sono uova e non potete determinare se ci sia una regina presente, inserite della covata ai primi stadi prelevando un favo o una porzione di esso da una famiglia normale. Se viene accolto con eccitazione probabilmente la famiglia è orfana. Tre giorni dopo se ricontrollandolo vedrete abbozzi di celle reali avremo la certezza dell'orfanità. Questo test si può effettuare anche con una regina acquistata. Si mette la gabbietta con la rete a contatto con la famiglia, se la regina è presente quella nuova viene completamente ignorata. Viceversa l'eccitazione delle api che in pochi attimi sommergeranno la gabbietta è segno evidente di orfanità (quando fornite nuove regine è sempre meglio, prima di stappare la gabbietta, fare questa semplice prova).

POLLINE UMIDO

In assenza della regina e durante le stasi di raccolta del nettare il polline può essere ammassato nel centro della covata e può dare all'occhio un effetto "trasandato" di polline bagnato e riflettente. Quando invece le operaie si affrettano per anticipare il nutrimento per la covata, e stipano accuratamente e velocemente il polline in forma "regolare", l'aspetto del polline è fresco è asciutto.

CELLE VUOTE E PULITE AL CENTRO DELLA COVATA

Si tratta del caso opposto a quello dell'effetto "polline umido": le api sentono il bisogno di spazio per la covata e spostano nettare e polline più lontano, pulendo le celle e facendole diventare brillanti.

TROPPE UOVA NELLE CELLE

a) la regina è giovane e inesperta, fecondata da poco; in poco tempo controllerà la deposizione rilasciando un uovo per volta
b) è successo qualcosa alla regina e stanno deponendo le operaie (fucaiole).

COVATA SPARPAGLIATA

a) la regina sta terminando gli spermatozoi
b) qualcosa sta uccidendo la covata, all'inizio della primavera, quando non ci sono molti adulti, con il ritorno di basse temperature, la covata può raffreddarsi e morire a zone. Talvolta alcuni pesticidi o del polline tossico possono esserne la causa. Si può fare un controllo per stabilire se è solo una colonia che manifesta questi sintomi o se ce ne sono delle altre.

OPERCOLI A PUNTA SU CELLE DA FUCO

Gli opercoli da fuco sembrano la parte finale delle pallottole. Normalmente la regina lascia le uova non fecondate in celle più grandi (in larghezza e in profondità), da fuco appunto. Si trovano frequentemente negli angoli in basso dei favi di covata in zone abbastanza periferiche. La presenza di covata maschile indica una famiglia vigorosa e ben nutrita.

CELLE REALI

Le celle reali sono costruite in verticale, al contrario di quelle da operaia e da fuco che hanno uno sviluppo orizzontale. Abbiamo già detto che assomigliano a delle ghiande:

a) celle reali vicine al centro del favo implicano l'allevamento da cella di operaia; si tratta di un rinnovo dovuto alla perdita improvvisa della regina

b) celle reali ovunque, particolarmente in basso, indicano che la famiglia si sta preparando a sciamare. La vecchia regina partirà presto con circa metà della popolazione dell'alveare.

Nelle arnie Warré, per un controllo veloce della sciamatura, basta sollevare il primo elemento e controllare la costruzione di celle alla fine dei favi, al contatto con l'elemento inferiore.

LARVE MORTE (NON BIANCHE)

Le cause della morte delle larve possono essere diverse:

- Freddo: per il ritorno improvviso di basse temperature o la presenza di pochi adulti per riscaldare la covata (il fine inverno è il periodo più rischioso per fenomeni del genere).
- Malattie: covata a sacco, peste americana, peste europea, virosi.
- Avvelenamento da pesticidi irrorati nelle vicinanze.
- Polline tossico di cui si sono nutrite le larve (solo in determinate aree e fioriture).

LARVE MUMMIFICATE

Presenza di larve bianche e dure. Si tratta dello stadio finale della patologia denominata "covata calcificata".

POLLINE AMMUFFITO

La presenza di muffa biancastra sul polline indica condizioni di scarsa ventilazione nell'alveare o famiglia sottodimensionata, in regressione per vari motivi.

COVATA SOTTO ATTACCO VARROA

La covata in una famiglia che sta per collassare a causa di una infestazione di varroa presenta, visivamente, molti dei sintomi illustrati nei punti precedenti e pertanto può generare un'inevitabile confusione diagnostica.

Per accertarsi che si tratti di varroasi va ricercata l'anormalità, il raggiungimento di uno stadio di sviluppo che appare "fuori norma", opercoli forati con api adulte, o immature, morte nelle cellette disposte a macchia di leopardo.

CAPITOLO 7

La raccolta del miele

Il momento della raccolta del miele, se abbiamo ben lavorato, corona i nostri sforzi e premia le nostre aspettative. Negli ultimi anni, gli apicoltori si sono accontentati di vedere sopravvivere le proprie famiglie sottoposte a stress ambientali e agronomici mai incontrati prima. Se avrete l'occasione di parlare con un apicoltore che abbia allevato le api negli ultimi anni (a ritroso dal 2016) vi potrà raccontare di una "età dell'oro" nel suo allevamento, cosa che i più giovani accoglieranno con scetticismo, ma vi posso certificare che i cambiamenti sono stati tanti e concreti e sono ben lontani dall'essere definitivi.

La regola di Columella, già nel I secolo d.C., era di lasciare tassativamente un terzo delle scorte alle api; questa valutazione veniva effettuata sia sollevando l'arnia sia tagliando i favi colmi di miele rispettando questa misura. I *fasceddi* siciliani, con la loro divisione in due famiglie-magazzino, si basavano ancora su questa proporzione.

Visualizzando una Dadant possiamo dire che anche quest'arnia utilizza lo stesso principio, anche se le scorte lasciate alle api (come abbiamo avuto modo di dire) sono spazialmente mal disposte essendo collocate ai lati del glomere.

Trasportando il tutto alla Warré, alla TBH o alla Veuille, la divisione in elementi o la conta dei favi riempiti posteriormente ci daranno la misura di quello che dobbiamo lasciare alle api. Il miele è il migliore alimento invernale per le api, questa che sembra una frase lapalissiana deve sempre essere tenuta a mente, lo zucchero (saccarosio) e i suoi derivati non permettono la buona difesa dell'organismo ape e aprono la via a cambiamenti metabolici e aggressioni patogene nell'intestino dei nostri insetti. Non è un po' quello che sta succedendo a noi dal punto di vista nutrizionale? Non stiamo già sperimentando in prima persona le variazioni introdotte nel nostro corpo dalle centinaia di sostanze processate che vengono aggiunte come coadiuvanti nel trattamento industriale del nostro cibo?

Capisco che questa è una posizione "arcaica" da "decrescita", l'apicoltura industriale (e i suoi posti di lavoro) si difende soprattutto con lo zucchero e altre sostanze varie. Sarò e sono idealista ma anche pragmatico, questo modo di intendere l'allevamento ha gli anni contati, e se non cambiamo, noi con lui, ci sarà sempre una resistenza all'antibiotico o all'acaricida di sintesi, e per non perderci, dovremo abituarci a non avere tutto e sempre.

Ma torniamo all'oggetto di questo capitolo: il miele. Se tutto è andato bene ai primi di agosto (riferimento nell'area mediterranea) possiamo aprire il terzo o quarto elemento che avevamo fornito alle api e controllare se è colmo di **solo miele**.

In presenza di covata, anche se in minima parte, personalmente preferisco lasciare tutto, perché significa che siamo alla sommità della sfera contenente la famiglia e, per un buon invernamento e per la regola precedente, è meglio lasciar perdere. I primi anni lasciare il miele alle api è una scelta

molto difficile.
Come abbiamo già visto, metteremo l'apiscampo fra l'ultimo elemento in alto e il resto della famiglia. Dopo 24/48 ore potremo ripassare e toglierlo, magari aggiungendo un elemento vuoto al di sotto in modo da far comunque integrare le scorte durante le belle giornate da settembre a ottobre/novembre (nell'area mediterranea la fioritura del corbezzolo è a novembre inoltrato). Togliendo il miele precocemente a luglio fino alle prime settimane di agosto daremo l'opportunità di tesaurizzare le belle giornate alle nostre api. Nelle pagine che seguono vedremo le semplici tecniche di estrazione, che vanno da 0 € a 150 circa, cifre lontanissime dall'acquisto di uno smielatore centrifugo elettrico e relativa attrezzatura.

L'estrazione del miele nella nostra cucina

L'estrazione del miele e la conseguente pressatura dei favi si effettua nel pieno dell'estate. È un periodo dove la viscosità del miele è al minimo e la sua liquidità ci permetterà di separarlo dalla cera con relativa facilità. La distruzione dei favi con questo metodo ci permette tra l'altro di sostituire l'ossatura della famiglia in modo automatico, ci fornisce un miele molto ricco di aromi volatili e di polline, cosa che la centrifuga tende a far perdere oltre a provocare una certa ossidazione del miele. I componenti volatili, infatti, sono al di sotto dell'opercolo e il taglio e la successiva centrifugazione disperdono questi aromi e si ha una "riduzione" della miscela. Nel momento dell'estrazione (per contestare anche certi denigratori) possiamo scegliere i favi uno alla volta ed eventualmente scartare pezzi di favo che potrebbero conferire odori estranei al miele.
Ancora prima di smielare e separare la cera dal miele possiamo tagliare a pezzi il favo e consumarlo tale e quale, il sapore è molto ricco e denso di profumi e aromi. Si taglia sopra una griglia facendo drenare il miele delle celle tagliate sopra un secchio di raccolta (in casa bastano una teglia larga e un ripiano del frigorifero).
Per l'estrazione manuale il favo deve essere sempre e comunque tagliato in pezzi più piccoli. Se poniamo sotto la griglia anche una rete in plastica potremo iniziare la "spremitura" con un metodo antico: una paletta resistente (legno, acciaio ecc.) e un tassello di legno. Il sistema funziona mettendo un pezzetto di favo sulla paletta e schiacciandolo con il pezzo di legno usato come con una pressa, come se usassimo uno schiacciapatate molto grosso.
Ciò non toglie che possiamo iniziare a spen-

Finalmente… il miele!

Favi pronti per la smielatura.

Porzioni di favo pronti per il consumo.

Smielatura artigianale con l'ausilio di un legno e di una paletta.

dere qualcosa comprando un vero e proprio schiaccia patate, che dopo ogni pressatura deve essere ripulito, lasciando i pezzi di cera a sgrondare ancora per un po' da qualche parte sempre con rete e recipiente.
Cominciamo ad aggiungere oggetti utili a una smielatura che vada oltre i 2 o 3 elementi del nostro piccolo apiario. Con una spesa intorno a 50 € possiamo trovare dei torchietti che, molto lentamente, comprimono la cera asciugandola dal miele.
Se cercate su Internet troverete di sicuro dei torchietti manuali adatti a estrarre miele, modelli specifici per l'apicoltura sono più costosi, ma estraggono meglio e in minor tempo (sempre che per voi la velocità sia un valore).
Esiste anche, in questo crescendo di attrezzature, la possibilità di usare torchietti da uva o crick sollevatori da automobili opportunamente modificati, tutto lasciato alla fantasia e creatività dell'apicoltore.
Per chi fosse particolarmente dotato nel bricolage, esistono sul Web dei progetti di pressa da miele che ricalcano le presse medievali dei monasteri del Nord Europa, come la pressa Templeton.

Il torchietto.

L'estrazione quantitativa

Da dieci arnie in su la lavorazione diviene impegnativa e dobbiamo prevedere nella spesa l'acquisto di attrezzature adeguate, anche usate.
Un torchio da vino funziona bene a patto di foderare l'interno con una rete inox o in plastica che, all'atto dello svuotamento dei residui, ci dia la possibilità di prelevare il panetto di cera senza grossi problemi. La cera pressata presenta comunque un'alta resistenza alla rottura, e questo lavoro sporco e fastidioso dev'essere tenuto in considerazione.
Comprenderete bene che al crescere dei favi da "processare" bisogna organizzare un ambiente di lavoro che abbia come prerogativa la sua facile pulizia e l'attrezzatura adatta. Questo non toglie che in caso di cucine particolarmente razionali e grandi non si possa organizzarsi al meglio.
Gli allevatori in Warré, almeno quelli che lavorano con le barrette e non con i telai, sono d'accordo nell'utilizzare attrezzatura che sminuzzi la cera e che effettui una leggera pressione del favo. Gilles Denis con il suo Moulimiel, nome e progetto rigorosa-

mente brevettati, ha dato il via a quello che gli apicoltori di tutto il mondo sanno fare meglio: trovare delle soluzioni alternative spendendo poco.
Il principio di sminuzzare finemente la cera

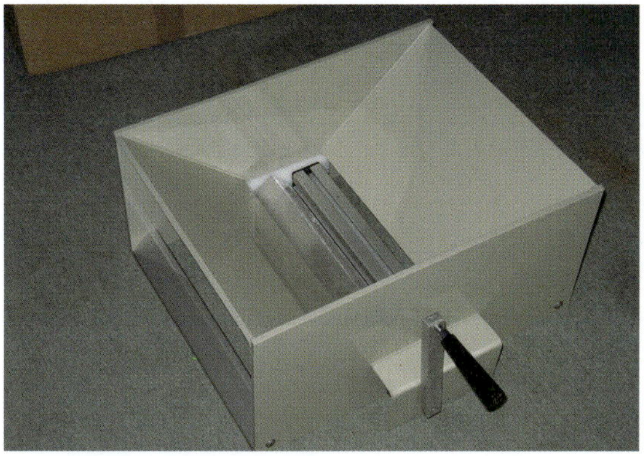

Il Moulimiel visto dall'alto.

Vista frontale del Moulimiel.

deve essere rispettato, questa frantumazione comporta che la cera, alla fine, per caduta gravitazionale si liberi quasi completamente dal miele. Il costo nel 2016 è di 350 €.
Personalmente ho optato per un macinatore di mele che funziona egregiamente e che è costato "solo" 145 €.
Il macinamele viene adoperato nel Nord Italia e in Francia principalmente per preparare il sidro. Ho preferito acquistarlo nuovo ma se ne trovano di ottimi usati. L'attrezzo è manuale ed è fissato sopra il preesistente banco per disopercolare. Solo energia metabolica per estrarre, niente altro...

Un tradizionale torchio da vino.

L’angolo del laboratorio per la smielatura Warré a barrette.

L’elemento, la pressa, il filtro e il recipiente con rubinetto.

Fate attenzione alla differenza che esiste fra le tipologie di ingranaggi frantumatori. Quelli con delle specie di speroni funzionano ma si impastano subito di cera richiedendo continue pulizie, i rulli invece necessitano di interventi molto meno frequenti.

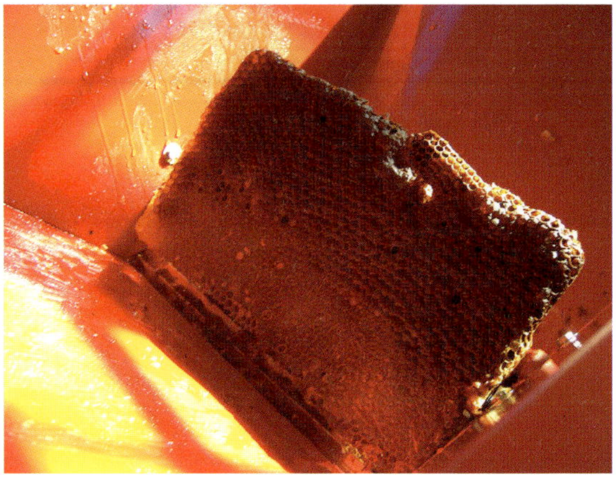

Un favo Warré privato della barretta nella pressa.

Questo modello processa anche due favi per volta.

Il miele.

I rulli dopo il passaggio del favo.

La filtrazione.

I rulli di questo modello sono più pratici da pulire. Per mantenere ottimali le capacità di fratumazione ogni cinque o sei passaggi bisogna ripulire e far scendere in basso, con una spatola di legno, la propoli che tende a depositarsi.

Per le arnie TBH il processo è lo stesso, soltanto che non abbiamo pezzi d'alveare da portare a casa e da spostare. Mano a mano che raccogliamo un favo dalla parte posteriore lo tagliamo facendolo cadere dentro un secchio pulito (il taglio deve lasciare almeno 2,5 centimetri di cellette attaccate alla barretta).

Se volete invece ottenere del miele in favo da consumare immediatamente dovete organizzarvi diversamente. Invece di tagliare e rompere i favi dentro il secchio, si dovrà trasportarli integri dentro una scatola di legno leggero fatta a trapezio come le casse. Faremo i tagli appoggiando i favi sulla grata come già visto e poi potremo consumarlo

subito o metterlo in frigorifero dentro delle vaschette trasparenti. I vecchi torneranno bambini e i giovani scopriranno un gusto totalmente diverso. Inoltre, nella farmacopea russa, il miele consumato in favo è ritenuto utile per la cura delle sinusiti e di tutte le malattie del cavo orale, per le ulcere e le gastriti.
Questo metodo di estrazione presta il fianco a molte possibili critiche: il favo può avere contenuto covata, la cera pressata può conferire odori e sapori sgradevoli e così via. In realtà, aggiungendo ogni volta un elemento dal basso, si allontanano sempre di più le famiglie dalle scorte di miele poste in alto, più lo sviluppo è veloce e più la velocità di allontanamento è alta. La frequenza di sostituzione della cera in Warré è incredibilmente maggiore che del sistema Dadant, basti pensare che il "melario" viene ogni anno letteralmente cancellato con l'estrazione. Ho dei melari Dadant che, pur avendo contenuto solo miele (alcune annate particolari anche covata!) sono stati costruiti anche 39 anni fa. Non proprio cera nuova e pulita.
Con la pressatura d'altra parte è possibile trattenere nel miele una maggiore quantità di polline, che conferisce un sapore integrale e agevola una cristallizzazione abbastanza grossolana e verace. Con buona pace degli amanti dei mieli pastorizzati, liquidi e paglierini. All'atto della smielatura, questo rapporto così materico con il nostro miele ci permetterà di scartare tutti i pezzi di favo che riteniamo non idonei. Le parti non opercolate possono essere processate a parte, i pezzi neri di propoli possono essere scartati e, in generale, possiamo operare una scelta molto più precisa sul prodotto estratto. Cosa che con i melari Dadant non può essere minimamente fatta.
Un altro punto a favore è la presenza di molte sostanze volatili e aromatiche, che con la pressatura, a differenza di quanto accade con la centrifugazione, non abbandonano la massa del miele e ne vengono inglobate e amalgamate.

La cera

L'estrazione del miele, nei modi che abbiamo visto, comporta la produzione secondaria di molta cera pura d'api. In questi ultimi anni carenti in termini produttivi, la cera può aiutare a incrementare il bilancio economico. Senza dubbio, all'interno della nostra gestione, rappresenta una voce non secondaria di resa nei nostri alveari. Per un non professionista può significare l'incremento delle famiglie o l'acquisto di nuova attrezzatura, o anche la soddisfazione di prepararsi vernici fai da te e candele profumate per l'inverno. Un anziano signore greco, da molti anni in Italia, mi confessò che, accendendo le candele che avevo preparato con degli stampi "rustici", era ritornato ai tempi della sua infanzia nelle chiese del suo paese natale, dove venivano bruciate esclusivamente candele in pura cera d'api. Ripensandoci è l'effetto che ho scatenato diverse volte, vuoi per l'assaggio di miele in favo o di miele torchiato, penso si possa chiamare "effetto Ratatouille", dal nome del lungometraggio Disney, o- tecnicamente - memoria involontaria.
L'apicoltura italiana è "affamata" di cera. Molti apicoltori che hanno iniziato l'attività e hanno in breve tempo rinunciato, hanno tolto dal ciclo produttivo la cera che avevano acquistato sotto forma di fogli cerei e che poi, smettendo, non hanno avviato alle aziende di trasformazione.
Illustrerò due metodi semplici per estrarre e

La sceratrice.

purificare i nostri favi torchiati.
Il primo è la vecchissima ricetta **del bidone e del sacco di juta**. Si prendono i frammenti di cera, si mettono dentro un sacco di juta (da usarsi una sola volta), si aggiunge qualche pietra per rendere pesante il tutto. Si riempie di acqua per tre quarti il bidone in ferro appoggiato su due "bozze" da edilizia per poter accendere un fuoco sotto.
L'acqua si riscalda e, quando raggiunge la temperatura di 64° centigradi, inizia a sciogliere la cera che passa attraverso la trama del tessuto. Questa operazione blocca le impurità all'interno del sacco (ed è per questo che difficilmente si può riutilizzare). La cera sciolta, per il diverso peso specifico, salirà in alto. Una volta fatto raffreddare il tutto avrete la vostra bella cera dorata tipo forma di formaggio alla sommità del bidone. Raffreddandosi, la massa si contrae e dovrete solo inserire una leva per estrarla. La parte

Pila di forme di cera pura d'api.

bassa della forma può presentare dei residui di sporco che basterà grattare via.
Per i più volenterosi c'è la possibilità di costruire una **sceratrice solare**. Si tratta di una scatola in cui uno dei lati è costituito da un pannello di vetro o di altro materiale trasparente, che sfrutta l'effetto serra per sciogliere la cera. Se trovate un pensile da cucina con i vetri scorrevoli non più utilizzato, potrà facilmente diventare la vostra sceratrice. All'interno bisogna prevedere una griglia in metallo che permetta il passaggio e la pulizia della cera, mentre il piano su cui poggerà la scatola dovrà essere inclinato in modo da permettere alla cera sciolta di scorrere fino allo stampo che la raccoglierà e dove si solidificherà in un panetto.

Gli elementi che costituiscono la trappola.

La raccolta del polline

Tra gli altri prodotti dell'alverare, il polline, utilizzato come integratore alimentare e per la cura di alcune patologie, è tra i più interessanti. La conformazione del fondo dell'arnia inciderà direttamente sulla qualità e quantità della raccolta. Chiunque abbia una famiglia d'api può, per brevi periodi e con particolari attrezzature, raccogliere quotidianamente il polline e conservarlo dopo la necessaria essiccazione all'aria.
Per la raccolta si usano delle "trappole" raccogli-polline sistemate all'ingresso dell'arnia.
Il principio è semplice: le api bottinatrici al loro rientro passano attraverso i fori dell'apertura modificata calibrati a 4,5 millimetri perdendo le palline di polline che sono fuori sagoma rispetto al calibro del loro corpo (appunto 4,5 millimetri). Le palline cadono attraverso una griglia nel sottostante cassetto raccogli-polline.
Le trappole vanno collocate contemporaneamente su tutte le arnie dell'apiario, questo per impedire fenomeni di deriva. Dopo pochi giorni le api si abituano e, anche per non privarle troppo a lungo di una risorsa vitale, si tolgono contemporaneamente tutti i nuovi ingressi (fori calibrati, griglia e cassetto di raccolta).
Anche se la raccolta di polline non fosse nelle vostre corde, nell'ottica di un'apicoltura professionale, il polline potrebbe integrare (in termini economici) la minore raccolta di miele, senza grossi danni per le api e con un

Trappola per il polline adattata al fondo a tutta apertura.

impiego minimo di risorse e investimenti.
Perché l'essiccazione e non il congelamento del polline per la successiva vendita? Perché, anche se il congelamento ha i suoi vantaggi, si tratta di una tecnica non alla portata del piccolo apicoltore. Il polline congelato è difficile da pulire manualmente, viene confezionato in atmosfera controllata e congelato con abbattitori di temperatura industriali, con tempi di preparazione velocissimi rispetto ai nostri frigoriferi di casa. La differenza tra essiccazione e congelamento risiede nella frazione umida che, secondo i sostenitori del congelato, contiene più luteina e altri componenti utili in molte patologie. È ovvio che se l'effettiva superiorità può essere anche riconosciuta, l'alta tecnologia impiegata non è giustificata (a parità di effetti) nell'apicoltura a basso costo.

Il polline essiccato con l'aria calda può facilmente essere pulito per vagliatura, non richiede la catena continua del freddo e una volta confezionato (in sacchetti di plastica per alimenti, in vaschette trasparenti alimentari ecc.) mantiene a lungo la sua integrità e le sue caratteristiche.

Un piccolo impianto di essiccazione del polline può presentarsi come nello schema seguente[12], anche se la fantasia degli apicoltori può dare origine a progetti diversi e ugualmente validi.

L'agronomo Bernard Levac, autore del progetto, scrive che l'essiccazione del polline è un'operazione importante per assicurarne la conservazione. Nel momento della raccolta del polline dall'alveare il suo tenore in umidità è intorno al 15-25%. Subito dopo il prelievo e in attesa di essere essiccato, può essere posto in frigorifero, per evitare fermentazioni e altre alterazioni nell'attesa. Al raggiungimento della quantità minima richiesta il tenore d'acqua deve essere ridotto di circa il 10% per essere certi della giusta conservazione. L'armadio con griglie in rete di nailon viene fatto attraversare da una corrente d'aria calda che non superi i 35°C (basta mettere un termometro alla griglia d'entrata). Se disponiamo anche di un

12. Da: www.agrireseau.qc.ca/banqueplans/Documents/Feuillet%2080281.pdf.

deumidificatore la preparazione del polline sarà ottimale. L'aria circola a zig zag dal cassetto superiore al cassetto inferiore, nel lato sotto la bocchetta di ingresso dell'aria vengono montate delle "vele" di tela a trama larga che permettono un soffio laminare dell'aria e una essiccazione più uniforme. Bisogna avere l'accortezza di montare questi "arrotondatori" del getto d'aria prima di montare le guide dei vassoi in nailon. Ogni cassetto può sopportare almeno 2 kg di peso in polline, una partita completa di 20 kg normalmente umida sarà pronta entro le 24 ore. Una volta tolto il polline dal frigorifero è importante iniziare a seccarlo il più presto possibile al fine di impedire un riassorbimento dell'umidità ambientale. Gli strati di polline non devono superare lo spessore di 1,5 cm. Dopo 15 o 20 ore di essiccazione il tenore d'acqua deve essere verificato per evitare di disidratare completamente il polline. Dopo un po' di esercizio ci si può rendere conto della quantità d'acqua toccando il polline o semplicemente masticandolo. Avendo come progetto una produzione importante di polline (e conseguentemente problemi con la conservazione) è necessario pensare all'acquisto di un tester elettronico d'umidità.

Un progetto d'essiccatore per polline.

CAPITOLO 8

Le malattie delle api e i rimedi

Nella scrittura di questo manuale, che è più che altro una raccolta di esperienze, sono stati volutamente tralasciati alcuni aspetti importanti dell'allevamento delle api: la tecnologia di laboratorio, la melissopalinologia (riconoscimento di pollini), le avversità, le tecniche per la produzione di pappa reale, propoli, regine ecc... Consigli e suggerimenti in materia si possono trovare nella vasta letteratura apistica e nel web.

Il seguire la filosofia KISS (Keep It Simple Stupid) ci impone però di tracciare alcune linee guida sulle principali malattie che si possono riscontrare nel nostro apiario. Chi ha già un po' di esperienza ne trarrà i maggiori vantaggi, i veri neofiti faticheranno un po' di più, ma si tratta di una lettura comunque necessaria.

Una delle principali condizioni per avere un'allevamento sano è quella di allevare razze locali. Sembra un mantra di questi ultimi tempi, ma considerate che la scienza ha ormai appurato che tutti gli esseri viventi si evolvono secondo due direttrici, quella *genetica* e quella *ambientale*.

Se quella genetica, per esprimersi ha bisogno del tempo di più generazioni, quella ambientale introduce variazioni e aggiustamenti in continuo che, passati alle cellule somatiche e germinali vengono stabilizzati poi attraverso il DNA.

Le presunte superiorità di razze d'api (mansuetudine, capacità di raccolta, resistenza alle malattie ecc.) possono magari essere rilevate, nello spazio di una generazione, da apicoltori che non si ricordano che tempo faceva l'anno prima, però, in mancanza di una ricerca e di una raccolta dati affidabile, tutto sparisce al contatto con la variabile tempo. I caratteri manifestati non sono stabili. Acquisteremo materiale genetico costoso per poi vederlo disperso nella riproduzione.

Che fare?

Conservate e incrementate le popolazioni di razze autoctone, che siano abituate al vento del litorale maremmano o ai climi rigidi e umidi dell'entroterra. Non falsate con l'alimentazione innaturale le rese e le capacità delle famiglie, non pretendete l'impossibile dall'organismo-ape e tentate di non introdurre occasioni di stress inutili. Niente antibiotici, medicine di sintesi, cere contaminate, anche se sembra un'utopia.

Io provengo da un'apicoltura industriale, negli anni '70 esisteva solo quel modello, eppure, pur essendo migliori le condizioni dell'ambiente, non mi sono mai adattato a quei metodi.

Il tempo della norma del "set-aside", i campi lasciati incolti per volere della Comunità Europea, ci permise di crescere e prosperare nei raccolti e nel numero di famiglie allevate. Adesso non è più così. La salubrità dell'ambiente è per le api, esattamente come per noi, la chiave per riuscire a vivere pienamente e in buona salute, raggiungendo i due principali obiettivi comuni a tutti i viventi: la nutrizione e la riproduzione.

Nelle pagine che seguono sono brevemente presi in esame metodi "a calendario" validi per mantenere le patologie e le paras-

sitosi abbastanza sotto controllo. Il neofita tende ad ascoltare tutti in modo acritico, non potrebbe fare altrimenti, e quindi, anche i miei consigli non dovrebbero sfuggire a questa regola. Allora più che dilungarmi sulla descrizione e le cause delle singole patologie e le avversità ho preferitò offrire delle pratiche a lungo sperimentate, che, se adottate, offriranno a ognuno la possibilità di formarsi empiricamente.
Prima di parlarne è giusto inquadrare la situazione attuale nel campo dell'allevamento delle api, con i suoi attori e le dinamiche esistenti.
I punti di riferimento attuali per chi volesse iniziare l'apicoltura sono tutti derivati dal mondo del professionismo.
Alcuni professionisti (avendo investito molti soldi nell'attività) tendono a minimizzare, per quanto possibile, le variabili esterne e interne dell'allevamento, lotta alla sciamatura e alla selezione naturale, salvataggio di famiglie non idonee (con antibiotici, nutrizione, rinforzo da altre famiglie, nomadismo esasperato, medicinali di sintesi...), "ottimizzazione" delle operazioni e delle attrezzature con un grande carico di tecnologia e di forzature (telai, fogli cerei, gabbie per regine, sfucatrici, gruette, pallettizzazione...).
Lo standard in apicoltura, per quanto riguarda le arnie, è stato stabilito intorno agli anni '50 del 1900: i costruttori riuniti, non gli apicoltori, decisero le misure e le caratteristiche, derivanti esclusivamente da valutazioni economiche e tecnologiche e non da competenze biologiche complessive. L'esigenza era di uniformare le arnie e che fossero difficilmente realizzabili dagli apicoltori stessi (tavole grandi, ferramenta complessa...), il modello vincente l'Italica Carlini racchiudeva le misure della Dadant-Blatt. L'ergonomia inesistente in questo modello (12 telai) passerà totalmente alla Dadant da dieci telai, inserendo le ernie al disco come patologia professionale nel comparto apicoltura. Eppure l'arnia contadina di Sartori era già codificata nel 1922 e le misure non si discostavano dalla Warré.
I professionisti, in questi ultimi anni, stanno passando in molti alle arnie Dadant a otto telai, riconoscendo tutte le intuizioni di Warré, rendendo più maneggiabili le arnie e più gestibili le famiglie. Chi si avvicina all'apicoltura oggi, però, si vedrà "attrezzare" con arnie da 10 telai, in netta controtendenza (i costruttori e le cooperative continuano a effettuare i corsi e a vendere le solite attrezzature, cui prodest?).
La funzione dei preposti al controllo sanitario è per la maggior parte repressiva. Mi spiego meglio. Non solo la mancanza di interessamento da parte delle grandi multinazionali farmaceutiche (per questo piccolo comparto) comporta una totale assenza di ricerca sulle avversità, non solo lo sfruttamento delle tre o quattro molecole ciclicamente ripresentate ormai ha fatto sviluppare selettivamente i migliori parassiti/patogeni possibili, ma vi è anche un totale disconoscimento delle esperienze in campo degli apicoltori. Tutto ciò si traduce in multe esagerate agli apicoltori che utilizzavano un prodotto facilmente reperibile per pochi euro in qualsiasi drogheria e si sono visti costretti ad acquistare lo stesso prodotto sottoposto a brevetto veterinario con un prezzo moltiplicato.
Un esempio per tutti, l'acido ossalico, consigliato dal professor Nanetti dell'Istituto d'Apicoltura di Bologna, utilizzato dagli apicoltori per decenni, a un certo punto si è trovato fuorilegge, è stato inscatolato e etichettato e il suo prezzo è passato (dati

2016) da 8 € al kg (acquistabile ovunque) a 252 € al kg (35 g di APIBIOXAL costano 8,85 € e sono sufficienti per 10 arnie).

Capite bene che è passato in primo piano l'interesse di qualcuno, con la sponda delle associazioni dei veterinari che definiscono "sciamani" e incompetenti coloro che vivono da sempre in contatto simbiotico con questi insetti. È spesso un muro contro muro, come l'ultimo caso della parassitosi di Aethina tumida, combattuta a forza di inutili roghi di alveari. Aggiungete burocrazia e vera ignoranza (da ambo le parti) e la situazione è delineata. Classico quadretto all'italiana.

Le associazioni di categoria completano il tutto. Lungi da me l'esigenza di uniformare tutto e tutti, però la tendenza è questa: anteporre gli interessi personali alla crescita collettiva (l'avevate già sentito vero?), storno di contributi, uso di politici riciclati per posti di responsabilità, conflitto di interessi e altre amenità varie.

Quindi con che cuore vi posso aggiornare sui metodi "underground" che vengono utilizzati dagli apicoltori per mantenere i propri allevamenti?

Prima di proseguire vi suggerisco di leggere questa pagina web che riporta un mio scritto pubblicato su un sito nazionale di apicoltura[13]:

«Caro giovane apicoltore (giovane nel senso di nuovo, a prescindere dall'età anagrafica..), eccomi qui a tentare di sintetizzare e motivare la tua scelta a dedicarti all'**arte** dell'apicoltura. Arte (*l'attività umana e specialmente l'industria manuale applicata alle produzioni della natura pei bisogni e pei comodi della vita... metodo o maestria nell'operare secondo certe regole*), che ha a che fare principalmente con le vostre **mani** e con voi stessi. Tutti gli orpelli e le sovrastrutture che vi attireranno, che vi venderanno, che vi faranno, in mancanza , sentire inadeguati, in realtà non serviranno a niente. L'apicoltura sarà (e dovrà essere) uno stretto rapporto di **conoscenza** tra voi e "l'animale" allevato. Si passa prima dal divenire api-cultore e dopo con il tempo professionista. Che è comunque una situazione peggiorativa, dove la contingenza (campare la famiglia, pagare il mutuo ecc.) vi allontanerà dal primo rapporto di interesse e empatia che avevate instaurato.

Tenderete a standardizzare i vostri comportamenti (ad aumentare la tecnologia che è diversa dalla **scienza**) e le api da sistema naturale anti-fragile diventeranno via via più sensibili e deboli nei confronti dei patogeni e del clima e anche rispetto ai vostri errori e le vostre forzature. Un ritorno all'Arcadia? Un indovino pessimista? Niente di tutto questo, avvicinatevi alle api e, come dico durante gli incontri

13. http://www.mieliditalia.it/index.php/allevare-le-api/81759-marco-mantovani

con i ragazzi dei corsi professionali, avvicinatevi in modo che non possiate **più fare a meno** l'uno dell'altro. Voi a vedere i campi di fiori con gli occhi composti... e le api ad accantonare un po' più miele per pagare l'assicurazione del camioncino e a trovare ottime dimore e fioriture dove vivere. La loro biologia diventerà la vostra e in primavera sciamerete e d'inverno non avrete voglia di fare niente, solo di stare imbozzolato "a glomere" a progettare lavori futuri.
La professione è strada di **sacrifici**, di spese certe e di guadagni illusori (non fatevi abbindolare dai vari gatti e volpi che arrotondano le entrate con altre voci..), l'apicoltura è validissima per chi costruisce attrezzature e chi scrive libri. Per tutti gli altri c'è da mettere in conto (come variabili avverse) il tempo, le malattie (di entrambi), il sistema veterinario nazionale, i politici come ve li immaginate voi infiltrati nelle associazioni di categoria, i sindacalisti attaccati come cozze, le nuove patologie, il "mercato", le cooperative di produttori,le cooperative della grande distribuzione, i colleghi con l'ego ipertrofico e l'arroganza a mille che condividono (e occuperanno) il territorio dove lavorate, i guasti meccanici (maledetti motori endotermici!) che si presenteranno con la cadenza di una barra o due al giorno, gli acciacchi da "malattia professionale" e da stress mescolati insieme... devo continuare?
Per questo vi consiglio di diventare **artigiani**, nel senso dell'arte prima detta, sappiate diventare elettricisti, muratori, meccanici, elettronici, falegnami, giardinieri, agricoltori, qualsiasi cosa occorra per poter portare avanti il vostro volere essere apicoltori senza dipendere dall'universo mondo. Qui sta il segreto, rendersi indipendenti il più possibile, coltivare l'autosufficienza (un po' come diceva il Dott. Schumacher nella prefazione del *Grande libro dell'autosufficienza* di John Seymour, che se ce ne è troppa è comunque uno squilibrio), affrontare il viaggio confidando in voi stessi perché *"Cu' è riccu d'api e d'armenti, è riccu e 'un'havi nenti"*, non trasformate il vostro allevamento in "monocultura", iniziate un'apicoltura estensiva a basso impatto e su piccola scala invece di una intensiva con grossi impegni energetici ed economici. Costruitevi le arnie, ora che avete internet e non avete scuse, producete il vostro primo miele con mezzi di estrazione semplici e alla portata di ogni cucina. Sarà il miele **migliore** del mondo, andrete in giro a distribuirlo con un vago viso da peyote e una soddisfazione di buddità addosso.
Questo vale per maschi e femmine, arnie **fuori dallo standard**, pesi gestibili da tutti (veramente tutti...), investimenti irrisori seguendo il principio a forbice "minimo impegno-grande risultato". Solo così l'apicoltura diventerà parte integrante del vostro essere, un tassello della vostra personalità, una finestra sempre aperta sul mondo che vi riporterà al **qui e ora** tutte le volte che lo vorrete. **Dopo,** sceglierete cosa fare,... poi. Anche perché troverete altri con gli stessi pensieri e le stesse sensazioni, non importa se contemporanei o di epoche remote, tutti uniti dalla solita definizione di **apicoltore**.
"Cu' è riccu di jumenti e d'api, è riccu e nun lu sapi".»

La varroa, il principale nemico delle api

Per l'apicoltura, come molte volte succede anche per altri aspetti della vita, è esistito un "prima" e un "dopo" un evento che ha cambiato tutte le regole del gioco. Nel nostro caso è stato l'arrivo nel 1981 della varroa in Italia. All'inizio fu salutata come una peste buona, una malattia parassitaria in grado di separare il grano dalla pula e gli apicoltori bravi e professionali da quelli improvvisati, hobbisti, non aggiornati. Un'altra *Braula caeca* (pidocchio delle api).
C'era, nelle riunioni di categoria, un atteggiamento tipo "io non ce l'ho la parassitosi" e giù a spiegare metodiche (anche inventate e posticce) che avrebbero permesso al relatore di padroneggiare e gestire questa nuova minaccia. Il tempo e i risultati, dagli anni '80 ad oggi, hanno delineato una realtà completamente diversa.
La varroa è entrata, come un nuovo cavallo di Troia, e, complice il produttivismo, l'ottimizzazione e l'ignoranza delle sue capacità adattative, si è insediata capillarmente su tutto il territorio italiano. La resistenza alle poche molecole acaricide di sintesi esistenti è ormai consolidata e il percorso chimico ha selezionato un super parassita adattissimo a sostenere qualsiasi tipo di battaglia.
Anche qui, come già detto per tutte le problematiche umane, si assiste alla contrapposizione di opposti schieramenti: chi prospetta un ritorno all'età dell'oro lasciando fare tutto alla natura (considerata sempre e comunque madre e non matrigna) e chi invoca il ricorso alla selezione genetica per creare api resistenti o a panacee chimiche in grado di colpire selettivamente solo ed esclusivamente quello che lede l'interesse economico infischiandosene di tutti gli altri effetti collaterali.
Sta a noi individuare in questa situazione la "via di mezzo", i metodi e gli atteggiamenti che possano indicarci, anche solo per grandi linee, il cammino per uscire da questo problema o quantomeno per conviverci.
Come dice Gregg Krech nel libro *L'arte di passare all'azione. Lezioni di psicologia giapponese per smettere di rimandare*: "la vita si rifiuta di restare sempre uguale. Le persone si vedono spuntare i capelli bianchi o addirittura restano calve. I cuccioli crescono. Il legno marcisce. I pianoforti si scordano e il metallo arrugginisce. Il cambiamento è la regola, ma non la trasformazione veloce, immediata e radicale. I vulcani e i terremoti ci rammentano che la natura può fare eccezioni a qualunque regola, ma per noi il mutamento consapevole può richiedere alcuni atteggiamenti di base: avere un obiettivo chiaro, essere presenti, procedere a piccoli passi, ripetere questa formula ogni giorno ed essere pazienti."
Nei prossimi anni sono convinto che, per la transitorietà caratteristica di tutti i fenomeni, la situazione sarà destinata a cambiare, evolvendosi, sviluppandosi; non ci sarà la formula magica o la medicina miracolosa. Come sempre, l'insieme dei piccoli dettagli, nel loro complesso, comporterà il cambiamento del quadro generale.
A mio parere gli strumenti più importanti per guidare il cambiamento in una direzione a noi favorevole sono: il miglioramento dell'ambiente, il rispetto e l'incremento delle zone di pascolo delle api, la diminuzione degli inquinanti interni ed esterni degli alveari, la selezione di api con caratteristiche di resistenza alla parassitosi, la ridondanza nel numero degli alveari allevati.
Per **ambiente** si può considerare sia l'ester-

Adulto di *Varroa destructor* su larva di ape.

no (il mondo) sia le arnie (il legno, la cera, le pitture). Gli **inquinanti** da diminuire sono principalmente quelli somministrati volontariamente come "medicine" sia quelli veicolati dai fogli di cera (la sostanza grassa lega e trattiene la maggior parte dei veleni). La **ridondanza** è un'arma potente, che lascio a voi, giovani apicoltori, quando trasformerete il vostro entusiasmo nell'energia costante di tutti i giorni, nell'incremento dei vostri alveari.

Proseguiamo con la disamina delle caratteristiche biologiche della varroa, conosciamone più approfonditamente gli aspetti e i comportamenti.

L'acaro varroa (*Varroa Destructor*) è arrivato in Italia negli anni '80 (1981 a Gorizia) ed è stato confuso per anni con la *Varroa jacobsoni*, specie benigna di un acaro simile che infesta anch'esso l'ape asiatica (*Apis cerana*). È stato poi identificata come *destructor* solo nel 2000.

La globalizzazione dei trasporti e, probabilmente le importazioni e gli scambi di materiale "vivo", hanno messo in contatto specie che erano divise fin dalla nascita del mondo. Sulle nostre api l'acaro ha trovato un tempo di incubazione più lungo (rispetto a quello di cui poteva disporre su *Apis cerana*) e quindi, come vedremo nelle caratteristiche del ciclo di vita, la possibilità di riprodursi in maggior numero.

La varroa si alimenta dell'emolinfa (sangue) delle api, a mezzo di punture, vere e proprie perforazioni nella chitina praticate con i suoi affilatissimi "attrezzi" boccali. L'acaro

dimostra una preferenza per le api nutrici. Vive all'incirca due o tre mesi durante l'estate e passa velocemente da un'ape adulta all'altra e dalle adulte alle celle di covata dove si rifugia per riprodursi. D'inverno vive più a lungo, all'interno del glomere, sempre sulle api adulte dove attende la primavera e la ripresa della deposizione per rientrare nuovamente nella covata.
La sua attività parassitaria indebolisce e danneggia l'intera famiglia, le punture veicolano virus e batteri in una modalità nuova, sconosciuta alle api, che prima della varroa, avevano affrontato solo patogeni trasmissibili per via orale. Naturalmente sperare in una simbiosi fra parassita e vittima vuol dire avere dei tempi geologici a disposizione.
Per riprodursi la femmina adulta della varroa si inserisce nella cella proprio prima dell'opercolatura, e si immerge nel nutrimento lasciato alla larva, iniziando a spostarsi e nutrirsi sull'ospite al momento della chiusura effettiva. Vittima e carnefice sono così lasciati soli nella stessa stanza... chiusa! Il parassita comincia a nutrirsi circa quattro ore dopo la chiusura e tra le sessanta e le settanta ore dopo depone il primo uovo.
Ogni femmina depone cinque o sei uova, il primo sarà sempre un maschio, seguito da quattro o cinque femmine, deposte ogni trenta ore circa a intervalli regolari. Come detto, il maschio è il primo a emergere e si accoppierà con tutte le femmine presenti all'interno della cella.
Le fasi del ciclo di vita della varroa si dividono principalmente in **fase foretica** (detta anche fase di trasporto), in cui il parassita si trova sulle api adulte per nutrirsi, e in **fase riproduttiva**, che si svolge tutta all'interno delle cellette chiuse.
Lo sviluppo passa da due stadi giovanili prima di arrivare all'adulto perfetto, la durata di ciascun ciclo riproduttivo è determinata dal tempo di sviluppo dell'ape stessa, per questo si ritrovano più parassiti nella covata dei fuchi (un fuco impiega quattro giorni più di un'operaia per nascere) che nelle api operaie. Le larve di fuco sono più attrattive per la varroa, vuoi per la quantità maggiore di pappa reale dove nascondersi o per la loro ubicazione (la covata maschile è sempre periferica e a temperature più basse). La rimozione e distruzione di questa covata in primavera comporta l'abbattimento del 30-40% del numero totale di parassiti. Questa differenza è alla base dei sistemi bio-meccanici di cattura della varroa. Sono stati anche brevettati telai trappola che sviluppano soltanto covata maschile, come il telaino trappola T3 Campero[14]. Quello più semplice utilizza un foglio di cera con celle di fuco. Una volta opercolata, la covata viene rimossa e distrutta prima dello sfarfallamento della varroa.
I tempi di trasformazione da uovo ad adulto per i maschi di varroa è di sei o sette giorni e per le femmine tra cinque e sei giorni.
Non tutte le femmine raggiungono la maturità e arrivano all'accoppiamento durante il tempo di sviluppo dell'ape. Mentre quelle mature escono con lo sfarfallamento e continuano l'infestazione, i maschi e le femmine immature non ce la fanno a sopravvivere al di fuori della cella.
È nelle fase foretica che il parassita è più vulnerabile all'azione dell'apicoltore. In primavera il 70% è sugli adulti. Il risultato della lotta annuale dipenderà dall'efficienza dei trattamenti effettuati in questo periodo. Intervenire sugli sciami appena catturati, in

14. Per approfondimenti vedi: http://ilmiodiarioapistico.blogspot.it/2013/02/telaino-campero-tit3.html

Telaino trappola T3 Campero. A partire da sinistra si può osservare il favo interamente costituito da covata da fuco. destinata a essere eliminata. È una tecnica che richiede dedizione e costanza.

cui la varroa non può che trovarsi sulle api adulte, è un ottimo inizio per la salute della famiglia.

È una malattia soggetta a denuncia e a misure di Polizia Veterinaria.

Monitorare la presenza di varroa

Adesso sappiamo che cosa cercare nei nostri alveari. Un controllo passivo può essere effettuato valutando i residui sul fondo, sotto la griglia, nel nostro **cassettino diagnostico**.

Osservando la lamiera, spalmata con un po' di vaselina per catturare le varroe cadute, potremo renderci conto per sommi capi delle cadute "naturali" e conseguentemente del livello di infestazione della famiglia. In realtà è abbastanza difficile abbinare i dati relativi alla quantità di acari caduti alla quantità di acari effettivamente presenti. Lo scopo del cassettino diagnostico è di avere un riferimento grezzo della possibile situazione: più acari si trovano caduti, maggiore sarà il livello d'infestazione. Si potrebbe pensare che un gran numero di acari caduti implichi un loro minore numero all'interno della covata, ma, in realtà, il numero di acari che cade naturalmente è proporzionale al numero di quelli che si trovano invece vivi e attivi nella colonia.

Vedere molti acari caduti è pertanto sempre un male, sia che siano caduti da soli sia che li abbia fatti cadere un nostro trattamento; altre valutazioni devono essere fatte per avere un quadro il più possibile veritiero.

La forma e la consistenza irregolare della covata, la presenza di api deformi, la vista di acari sopra le api mentre si muovono sul favo, indicano sicuramente la presenza di

un gran numero di parassiti presenti.
Il virus delle ali deformi inizia a manifestarsi attorno a un'infestazione del 5%, ed è quindi questa soglia che fa scattare l'intervento (ovviamente parliamo sempre di soglia media).
Un metodo abbastanza cruento di lotta meccanica al parassita può essere la **disopercolatura** di celle contenenti covata maschile con una forchetta da laboratorio usata per l'estrazione del miele.
Non è il metodo che preferisco, però, in caso di bisogno di diagnosi in situazioni allarmanti, la distruzione di alcune larve e il successivo conteggio di varroe trovate (si identificano bene a contrasto con il bianco traslucido) ci daranno in percentuale, facendo il rapporto celle infestate/celle libere, la situazione della porzione di favo considerata, che poi proporzionalmente ci può indicare la situazione dell'intero alveare.
Il mio metodo preferito è quello dello **zucchero a velo**, consigliato anche da UNAAPI (Unione Nazionale Associazioni Apicoltori Italiani).
Per effettuare questo controllo avremo bisogno di:

- un recipiente graduato in cui misurare il volume di 100 ml di api (l'ideale è disporre di un recipiente cilindrico, con l'imboccatura larga, per esempio un comune contenitore per le analisi delle urine);
- un vasetto provvisto di chiusura in rete con maglia di circa 2 mm. Allo scopo si può ritagliare una rete per la raccolta della propoli e fissarla a una capsula forata;
- una ciotola bianca con bordi alti o anche un piatto largo bianco;
- un cucchiaio;
- zucchero a velo (circa 25 g per ogni campione da 300 api);
- acqua.

Si raccolgono nel recipiente graduato 100 ml di api (corrispondenti a circa trecento insetti) prelevandole da più favi di covata.
Poi in una Warré si raccolgono le api dalla base di un elemento messo in verticale, nella TBH si pone il favo in posizione verticale e si muove gentilmente l'imboccatura del contenitore dal basso verso l'alto sul dorso delle api che in questo modo cadono all'interno. Ovviamente bisogna porre attenzione a non catturare la regina.
Si travasano nel vasetto le api così raccolte e si aggiungono 1-2 cucchiai di zucchero a velo.
Si applica il tappo con la rete da 2 mm e si agita delicatamente per facilitare un buon impolveramento delle api.
Si lascia riposare per circa 1 minuto (nel mentre si possono preparare altri due campioni).
Si capovolge e si scuote vigorosamente il vasetto per circa 1 minuto sopra il recipiente bianco contenente un po' d'acqua.
Lo zucchero a velo avrà nel frattempo pro-

Le ali deformi sono uno dei sintomi più frequenti dell'attacco di varroa.

vocato il distacco dal corpo delle api degli acari che cadranno quindi con lo zucchero nell'acqua e, sciogliendosi questo, saranno molto facili da contare. Potrete a questo punto liberare le api inzuccherate nel nido.
Il numero delle varroe rimaste nella ciotola diviso per tre indicherà il grado di infestazione di cento api. Per valutare l'infestazione media si sceglieranno alveari non adiacenti, uno per ogni cinque presenti nell'apiario.

Acido ossalico contro la varroa

Come vi ho già accennato l'acido ossalico a uso veterinario è sottoposto a brevetto.
In passato questo rimedio veniva preparato artigianalmente dall'apicoltore che si serviva di ingredienti reperibili nei negozi vicini. Adesso secondo le nuovi disposizioni e le normative dei Servizi Veterinari queste ricette non si possono più utilizzare ma bisogna ricorrere esclusivamente ai formulati commerciali registrati contenenti lo stesso principio attivo.
L'utilizzo dell'acido ossalico è stato suggerito dal non più esistente Istituto di Apicoltura di Bologna. Pur non conoscendo a oggi l'esatto funzionamento di questa molecola, essa si è rivelata un valido aiuto nella lotta contro il parassita varroa.
La varroa è stata la prima patologia approdata in Italia che, proprio per le sue caratteristiche, è riuscita ad attaccare simultaneamente **sia la covata che le api adulte**. Tutte le malattie presenti fino ad allora (acariosi, peste europea, covata a sacco, covata pietrificata, peste americana) colpivano maggiormente uno stadio o l'altro, l'apicoltore aveva quindi, con l'aiuto di opportune manipolazioni, la possibilità di confinare i soggetti colpiti, cosa che con la varroa non è stato più possibile. Studi di Wyatt Mangum hanno anzi rilevato una reinfestazione su api già trattate.
Ricordiamo che l'acido ossalico è nocivo per l'uomo per inalazione e contatto.
Principalmente le modalità di somministrazione del prodotto sono tre: per gocciolamento, per sublimazione e con strisce di cartone intrise del principio attivo.

Gocciolamento

Il prodotto viene fatto gocciolare sui favi in soluzione acquosa (con lo spruzzino sui favi è stata la prima sperimentazione, poi abbandonata).
In teoria il gocciolamento si effettua durante i periodi temperati o caldi dell'anno.La ricetta del gocciolato, si ricorda bene con una formula mnemonica: "1 chilo, 1 litro, 1 etto", ovvero 1 kg di zucchero, 1 l di acqua e 100 g di acido ossalico.
Avendo cura di manipolarlo con guanti e mascherina, si mette l'acido ossalico e lo zucchero in una bottiglia capiente per mezzo di un imbuto (vanno bene quelle in plastica da 5 litri), si aggiunge un litro di acqua calda (più calda è, meglio è) e si agita fino al completo scioglimento. Questa preparazione va utilizzata entro un mese e mezzo circa poiché tende con il tempo a perdere di efficacia.
La preparazione con queste dosi dà origine a 1 litro e mezzo di soluzione che permette di trattare 75 elementi Warré. Gli ingredienti saranno naturalmente ridotti in proporzione in base alla grandezza dell'apiario.
La posologia è di 5 cc per telaino (di tipo Dadant), un dosatore (canonicamente una siringa da cavallo senza ago) vi può servire a preparare la dose a seconda della forza

Preparazione della miscela a base di acido ossalico.

della famiglia. Api su cinque telai 25 cc di gocciolato, api su nove telai 45 cc di gocciolato e così via. Non siate pignoli. Io uso i bicchierini da caffè delle macchinette che contengono 50 cc al bordo. La metà è 25 ecc. La somministrazione dev'essere il più possibile omogenea sulle traverse portafavi (nelle Dadant), bisogna far cadere un filo di soluzione per tutta la superficie da trattare. Come vi ho detto la posologia è per la Dadant (le prove sono state fatte su quelle arnie), per adattarle alle Warré e alle altre tipologie bisogna considerare che **un elemento Warré equivale a 4 telai Dadant** e quindi viene **20 cc di gocciolato a elemento**.

Il gocciolato va applicato durante le ore più calde della giornata. Io lo utilizzo ogni volta che visito le api, che per me vuole dire ogni 30/40 giorni, durante la stagione produttiva. Quindi nel preparare le quantità considerate anche le arnie e la frequenza.

Le Warré hanno bisogno di essere divise negli elementi per essere trattate. Si apre il tetto e si toglie il coprifavo, si tratta, si alza l'elemento e si appoggia di lato, si tratta l'elemento inferiore e così via. Le TBH sono su un solo piano e possono essere trattate in una unica soluzione spostando i portafavi. La Veuille, in considerazione dei favi che "continuano" da un elemento all'altro, può essere trattata sovrastimando la quantità di gocciolato solamente dalla parte alta.

L'effetto dell'acidificazione dell'ambiente alveare, cosa che avviene con l'ossalico, si può ottenere blandamente anche con la somministrazione alle api di acido citrico nello sciroppo. Metto questo inciso perché, benché io sia tendenzialmente contrario all'uso del saccarosio commerciale, da esperienze effettuate sul mio apiario a casa l'aggiunta di un semplice 5% di citrico allo sciroppo acqua/zucchero 1:1 ha portato alla caduta di molte varroe, in vari stadi di sviluppo e, nei prossimi anni, lo studio dell'acidificazione "interna" dell'emolinfa delle api (insieme a quella "esterna" dell'ambiente alveare) potrebbe aiutarci nel controllo e contenimento della patologia.

Sublimazione

La sublimazione produce una fumigazione che investe l'alveare nella sua totalità e viene effettuata in inverno o a inizio primavera. La nube di ossalico forma una polvere che si attacca ai favi e alle api, e il funzionamento è equivalente al gocciolamento. C'è il problema che la nebulizzazione dell'acido ossalico è mal tollerata dai nostri polmoni e respirarne i vapori è altamente pericoloso. Chi tratta su larga scala le arnie si è attrezzato con sublimatori vari (a gas, elettrici...) e con maschere e guanti degni di una decontaminazione nucleare.

È una precauzione sacrosanta, ma per la nostra piccola scala abbiamo dei metodi più sicuri e che utilizzano meno dispiegamenti energetici e strutturali.

Il sublimatore nell'illustrazione è molto "arcaico" se volete. Tutto il materiale che vedete proviene da tubi in rame di recupero e lamierini di grondaie. Svitando il bullone/tappo della caldaia è possibile inserire, con l'aiuto di un applicatore per tubi di silicone, 2,5 gr. di acido ossalico. Con calma, a casa, usando un cucchiaino che dosi l'AO senza doverlo pesare ogni volta, si riempiono le caldaiette. Serviranno delle pinze robuste perché la filettatura dei bulloni tende a fare delle incrostazioni.

Arrivati in apiario, nei mesi più freddi, si infila la parte anteriore della caldaietta nell'arnia (le mie hanno già un foro di 5 mm in

Caricamento delle caldaiette.

Caldaiette in funzione nell'apiario.

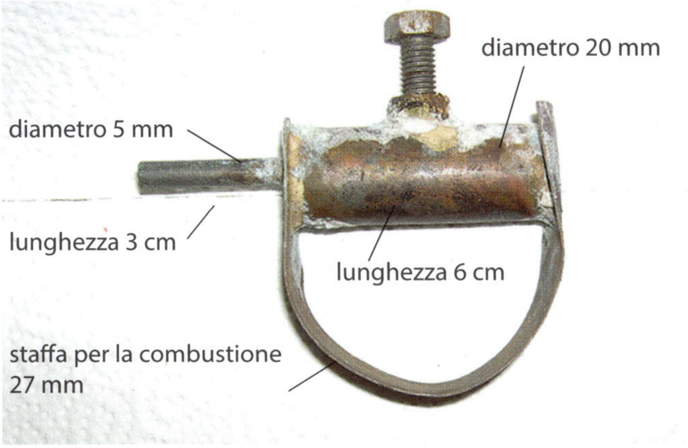

Il sublimatore "a diavolina".

La caldaietta tutta in rame saldato.

basso a destra, l'ho fatto a tutte nello stesso punto, un trapano a mano da pochi euro vi permetterà di praticarlo velocemente).
Una volta inseriti tutti i bruciatori accendete l'affumicatore per vedere la direzione del vento e le sue variazioni. In caso di vento potete utilizzare della stagnola per riparare la fiamma. A questo punto si inserisce un pezzo di "diavolina" per accendere le stufe o i camini nella staffa al di sotto della caldaietta. Si accende sopravvento e si continua così fino all'ultima arnia (sempre attenzione alla fiamma libera!).
L'ossalico sarà sublimato, voi sarete vestiti nello stesso modo di sempre, e non respirerete niente di dannoso. Siamo riusciti a trattare le nostre api senza intossicarci.
Abbiate l'accortezza di utilizzare un paio di guanti da tubista per togliere le caldaiette calde al momento del ritiro. Due trattamenti in inverno saranno sufficienti.

La caldaietta in funzione.

Strisce di cartone

Con questo metodo l'acido ossalico viene fatto assorbire a delle strisce di cartone che vengono lentamente rosicate dalle api ed eliminate. L'intervento con questo metodo può essere fatto durante tutto l'anno. Il rimedio è stato messo a punto da una cooperativa argentina e commercializzato come "ALUEN CAP"[15]. È degno di nota il fatto che il più efficace acaricida attualmente in commercio sia stato messo a punto dagli "sciamani" come ho già accennato nelle pagine

15. Umberto Vesco CRT Unaapi Sanità apistica. Aluen Cap - acido ossalico in strisce a liberazione lenta: novità dall'Argentina in L'Apis n.4 maggio 2016.

Aluen Cap glicerolo e ossalico (dal sito della cooperativa).

precedenti. La cooperativa argentina lo ha commercializzato, ma le Teca FAO, molto tempo prima, ne avevano comunicato l'efficacia[16].

L'acido ossalico viene aggiunto a un "umettante", la glicerina vegetale E422, un additivo alimentare (la troviamo nelle brioche e ovunque vogliono darci l'impressione di prodotto morbido e fresco). La capacità di tenere "bagnato" l'ossalico, unita alla lunga permanenza nel substrato di cartone, sparso dalle api e trasformato in "lana" dentro al cassettino, sono le caratteristiche di questa somministrazione.

La preparazione suggerita prevede di sciogliere in 1 litro di glicerina (1,260 kg) riscaldato a 40°-50° e 600 gr. di acido ossalico al 33%[17]. Con il composto andranno poi imbevuti dei cartoncini spessi 1,5 mm, larghi 3 cm e lunghi 35 cm. Si utilizzano da 3 a 6 strisce per famiglia. Naturalmente è meglio mettere le strisce in assenza di covata, ma si possono avere eccellenti risultati anche in presenza di covata opercolata.

La frequenza di sostituzione è di circa 40 giorni, i risultati sono buoni. La soluzione alle parassitosi passerà dall'adozione di un acaricida a lento rilascio, costante, che tenga sotto controllo il punto di non ritorno dell'infestazione senza nuocere alle api e ai loro prodotti.

Il punto debole di questo trattamento, risiede, a mio avviso nella criticità del passaggio stagionale, quando le api non rosicchiano più il cartone per via della diminuita motilità e per il calo demografico; è questo il momento di dare una passata con un altro principio attivo.

L'acido ossalico è ammesso nell'apicoltura biologica.

Il timolo nelle ricette fai da te

Vediamo adesso la preparazione casalinga delle spugnette al timolo.

Conosco il timolo dalla formula del POPE. Se la mia memoria di apicoltore di lungo corso non m'inganna si trattava di uno sperimentatore che usò per la prima volta questo principio attivo in paesi dell'Africa settentrionale (anni '80).

La mia personale esperienza con questo prodotto è bivalente. La capacità acaricida, seppur variabile con la temperatura e la conseguente evaporazione, ha comportato durante gli anni gioie e dolori.

Si ritiene che, unito alla canfora e all'eucalipto sconvolga principalmente la sfera riproduttiva dell'acaro con quella che viene definita "confusione sessuale".

In realtà, in estati calde, il fastidio che le esalazioni di timolo provocano alle api ha

16. http://teca.fao.org/pt-br/node/8253

17. La percentuale si trova dividendo l'ossalico per il totale (soluto + solvente) e poi moltiplicando per 100. 600 ossalico/1260 glicerina + 600 ossalico x 100 = 32,25 (arrotondato 33%).

portato alla perdita di tante regine, e non sempre la copertura del timolo è servita a preservare in vita le famiglie.
La formulazione in gel con un più lento rilascio ha sortito secondo me migliori effetti.
Approfondiamo comunque la preparazione del trattamento per esalazione (per le spugnette di Oasis è registrato il prodotto API LIFE VAR della Chemicals Laif. Per il gel al timolo c'é APIGUARD Vita-Italia).
La prima cosa da fare è procurarsi una confezione di blocchi di Oasis, il marchio con cui sono registrati i blocchetti umidificanti in vendita a caro prezzo presso i fiorai ma che si trovano facilmente anche su internet.
Il blocco va poi tagliato in fette sottili.
Con il tempo mi sono attrezzato: ho fatto una scatola, aperta davanti, delle stesse dimensioni del blocchetto e con un coltello da prosciutto tenuto bagnato riesco a fare delle fette sottili quasi come quelle in commercio.
Dobbiamo prima calcolare il nostro fabbisogno tenendo conto che il trattamento al timolo prevede che ogni dieci giorni circa si riapra l'alveare e si inserisca un'altra tavoletta, questo per almeno tre o quattro volte.
Gli altri ingredienti per la preparazione sono: 1 litro di alcol etilico "da dolci", 1 kg di timolo in cristalli, della canfora naturale.
In un secchiello a tenuta ermetica facciamo sciogliere il timolo nell'alcool, aggiungendo 50 grammi di canfora, in questa formulazione manca l'eucaliptolo, ma vi posso as-

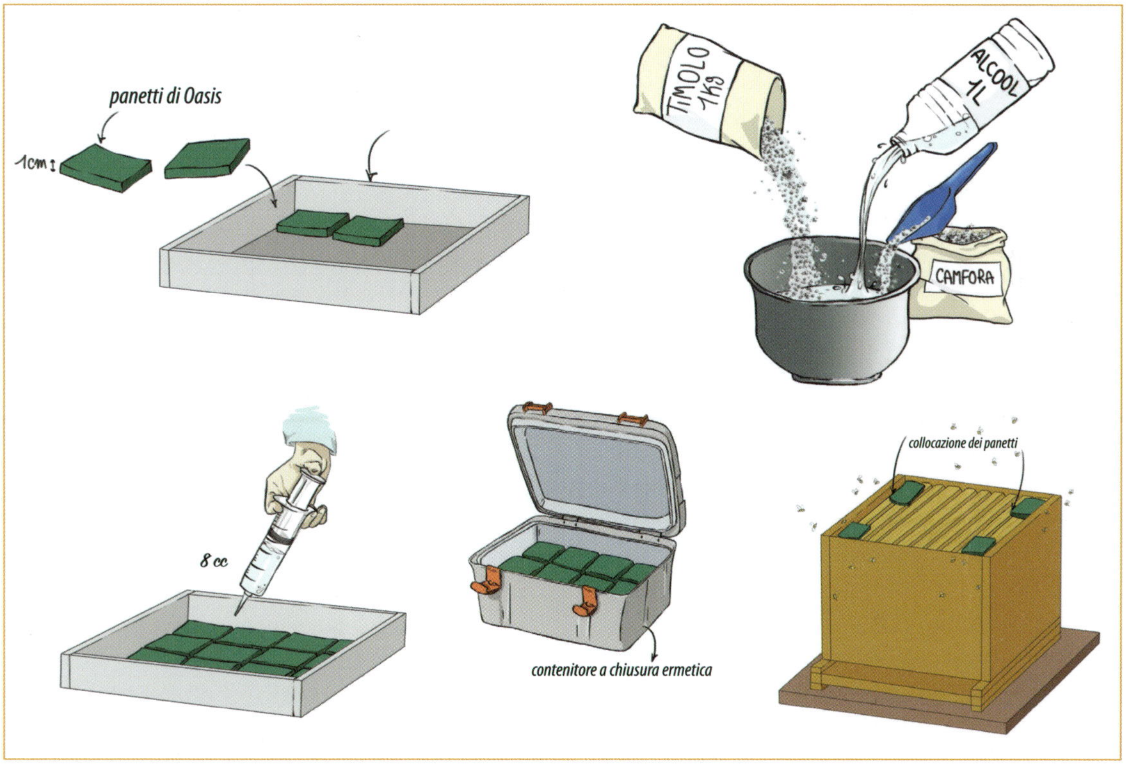

Preparazione dei panetti di Oasis per il trattamento con timolo.

L'oasis al taglio.

Gli ingredienti.

sicurare che non si sente la mancanza.
Questa soluzione verrà spruzzata uniformemente sulla tavoletta nella misura di 8 cc cadauna con una siringa del tipo di quelle utilizzate per somministrare le medicine ai gatti. Le normali siringhe si guastano alla svelta perché le guarnizioni vengono consumate dal timolo e dall'alcool.
Dato che l'uso di questo prodotto si basa sull'evaporazione, l'accortezza è di chiudere alla svelta le tavolette le une sulle altre in un sacchetto, riporle in frigo (possibilmente non quello in casa) e prelevarle solo al momento dell'utilizzo.
Al momento della messa in opera sugli alveari si spezzano le tavolette: nelle Warré si alza ogni elemento da un lato e si fa scivolare mezza tavoletta nell'elemento inferiore, nelle Dadant e nelle TBH si sistema un quarto di tavoletta alle quattro estremità sui portafavi (nelle TB spostando le traverse).
Vedrete che le api accolgono male questa sostanza, o propolizzandola completamente oppure, con grande sforzo, spezzandola e gettandola fuori dall'arnia sul predellino.
Nei giorni seguenti, avvicinandoci all'apiario, potremo riconoscere gli effluvi del timolo in uscita dalle arnie. È possibile che poco dopo la somministrazione, si assista alla sciamatura di qualche famiglia. Le api disertano l'abitazione, con nostro grande sconforto e rammarico; molte volte però questo avviene quando l'alveare non è in buona salute o è vessato dai parassiti.
Fondamentale, lo ripeto, è il rinnovo ogni dieci giorni circa di questo trattamento, almeno per tre volte perché questo permette di coprire il periodo dello sfarfallamento delle nuove varroe. Voi capite che per grandi numeri e grandi distanze questo sistema è abbastanza scomodo per i professionisti, la loro preferenza quindi va al gel che può essere messo in una vaschetta sopra i telai anche solo in un'unica soluzione.

L'acido formico

L'acido formico si ottiene per riscaldamento dell'acido ossalico.
Tempo fa ho acquistato dell'acido formico all'85% di concentrazione per fare della sperimentazione d'efficacia nel mio apiario dietro casa, costo 235 €/l, e ho fatto la pre-

parazione che vi descriverò di seguito.
Questo metodo però è adesso inutilizzabile in base alle disposizioni e normative dei Servizi Veterinari[18].
L'acido formico è corrosivo e i suoi vapori sono tossici e irritanti per gli occhi e le mucose. È fondamentale indossare occhiali e mascherina protettiva, guanti resistenti ad agenti chimici e adeguate calzature durante le operazioni di manipolazione dell'acido formico. Si raccomanda l'uso di un respiratore con filtro a cartuccia adeguato per i vapori organici. La volatilità dell'acido formico si riduce alle basse temperature. L'acido formico dovrebbe essere riposto in luogo sicuro come specificato nell'etichetta.
La preparazione dei giornali, delle buste, il riempimento e la sigillatura sono lavori lunghi e laboriosi per un numero alto di arnie, ma sono tranquillamente affrontabili con numeri ridotti. I risultati sono buoni e la lunga permanenza dell'acido formico nell'alveare non urta la covata e inibisce lo sviluppo alla varroa. La presenza del formico nell'atmosfera dell'alveare tiene bassa la curva di riproduzione del parassita, mantenendo il numero degli individui a un livello accettabile. Le buste messe in alto possono essere lasciate tutto l'inverno. Ecco il metodo[19].
L'acido formico è di solito venduto a una concentrazione dell'85% (concentrazione che va controllata in etichetta). Noi dobbiamo portarlo al 65% aggiungendo 1/3 di acqua alla soluzione di partenza (esempio 1 litro AF a 85% + 300 cc di acqua = 1,3 litri AF 65%).
Si utilizzano dei sacchetti freezer autosigillanti per alimenti delle dimensioni di almeno 27x28 cm, riempiti con materiale assorbente. Questo metodo dei sacchetti freezer è interessante per quegli apicoltori che hanno apiari distanti, dato che per un trattamento completo sono sufficienti due soli viaggi. Questo sistema consente il rilascio dell'acido formico per un periodo di circa tre, quattro settimane.

- Mettete venti o trenta strati di fogli di giornale in ogni sacchetto freezer. Ci deve essere una quantità sufficiente di foglio di giornale per poter assorbire tutto l'acido formico. Eventualmente fate delle prove per l'assorbimento con 250 ml di semplice acqua.
- Aggiungete 250 ml di acido formico al 65% per ogni sacchetto.
- Sigillate i sacchetti lasciando uscire la maggior parte dell'aria, e riponeteli in una scatola in plastica a coperchio ermetico. Sarebbe una buona idea quella di sistemare la scatola in plastica in un'altra borsa ermetica (per maggiore sicurezza sigillo la chiusura con del nastro da pacchi).
- Sistemate la borsa di plastica in freezer per circa due giorni prima dell'uso. Con l'abbassamento della temperatura si riduce la volatilità dell'acido formico, rendendone più semplice la manipolazione.
- Portate la scatola ermetica in apiario e, dopo aver estratto un sacchetto, praticate un taglio su uno dei lati. Ogni taglio misura circa 1 cm x 24 cm. In una colonia normale effettuate un solo taglio e dopo dieci giorni fatene un altro. Per colonie molto sviluppate effettuate due tagli in ognuno dei lati del sacchetto e dopo dieci giorni effettuate un ulteriore taglio intermedio. Per nuclei e piccole colonie bisogna usare sacchetti di dimen-

18. Per i trattamenti con acido formico è autorizzato il prodotto MAQS (Mite Away Quick Streps) della http://nodglobal.com
19. Ripreso dal sito www.aaab.it/malattie5.htm.

sioni minori e contenenti la metà dell'acido formico.

- Sistemate il sacchetto sopra i favi o sul fondo, curando che i tagli siano rivolti verso le api. Con temperature più basse, e se il glomere tende a essere principalmente situato sulla parte alta della covata e lontano dal fondo, è preferibile sistemare il sacchetto in alto; se invece le api sono alla base dell'arnia e la temperatura è ragionevolmente elevata, i sacchetti vanno posizionati sul fondo.
- Se posizionate il sacchetto sopra i telai, è consigliabile rovesciare il coprifavo per assicurare lo spazio necessario ed evitare di schiacciare il sacchetto; quest'accortezza dovrebbe per altro favorire l'evaporazione.

Altre patologie

Diamo qualche informazione anche su altre patologie che possono colpire le nostre api. Oggi la varroa rappresenta una forte discriminante per la sopravvivenza delle api. Negli anni passati, le aggressioni da parte di batteri, virus, malattie non parassitarie, rappresentavano il grosso delle manifestazioni morbose, mentre la tarma della cera era responsabile dell'ultimo stadio della dissoluzione di una famiglia. Attualmente invece, appena la sofferenza derivante da una qualsiasi patologia aumenta, diminuisce la capacità di far fronte alla varroa o, come diceva la mia nonna Brunetta "ci vuole tanta salute per far fronte alla malattia!". Detto in altri termini, le api possono ammalarsi di qualsiasi malattia ma la prima vittima del loro organismo è sempre il sistema immunitario e quindi la capacità di affrontare al meglio questa parassitosi endemica, e come risultato le famiglie muoiono prevalentemente di varroa. È per questo che visivamente i sintomi di altre patologie non si apprezzano più.

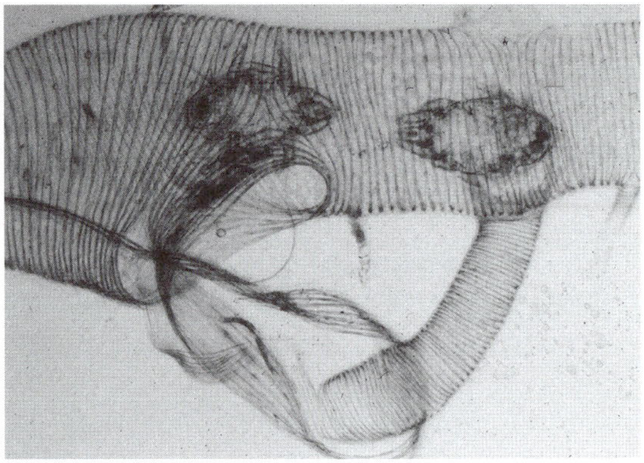

Aduti di *Acarapis woodi* visti al microscopio elettronico.

Acariosi

Le malattie indotte da acari sono due, quella veicolata dalla varroa e l'**acariosi**, provocata da un parassita che vive all'interno dell'apparato respiratorio delle api (*Acarapis woodi)*. Quest'ultimo, essendo sensibile sia all'acido formico che al timolo, non ha più la virulenza che manifestava in passato. I sintomi sono l'incapacità al volo, api con tremolio, addomi distesi per la ritenzione delle feci.

Questo acaro si può vedere solo al microscopio e oggi, a causa delle numerose virosi veicolate dalle punture delle varroe, è effettivamente difficile da diagnosticare.

Uno dei mezzi più validi di difesa della nostra ape ligustica è la propensione alla pulizia. Secondo gli insegnamenti della professoressa Maria Adelaide Vecchi, che ho avuto l'onore di avere come docente durante il corso per Esperti Apistici, il compito rilevante dell'apicoltore è più che altro la profilassi. "La causa della malattia", diceva, "non è tanto l'agente eziologico quanto le

condizioni e le premesse che hanno reso possibile lo sviluppo".
In quest'ottica le arnie Warré, più "amichevoli" nei confronti delle nostre api, comportano il mitigarsi o lo sparire di alcune predisposizioni morbose presenti nell'allevamento con altre arnie, ad esempio tutte quelle da "raffreddamento" o da stress da visita. Per quanto riguarda le condizioni, un contesto favorevole allo sviluppo delle malattie viene fornito dalle variazioni indotte dall'uomo all'ambiente nel suo complesso.
Bisogna ricordare che per i continui scambi di cibo tra le api, l'alveare, per la temperatura, l'umidità e l'ambiente omogeneo e compiuto, rappresenta l'ambiente ideale colturale per molti agenti patogeni.

È una malattia soggetta a denuncia e a misure di Polizia Veterinaria.

Nosemiasi

Un'altra patologia è la **nosemiasi** (*Nosema apis* e *Nosema ceranae*), di natura protozoaria, che si stabilisce nel mesointestino, che è fondamentale per la digestione e l'assimilazione del nutrimento. Il **Nosema apis** è sempre stato ritenuto responsabile dello spopolamento primaverile delle bottinatrici. Colpisce le api adulte, in casi eccezionali la regina e mai gli stadi larvali. La trasmissione avviene tramite le deiezioni, comporta un blocco delle ghiandole delle api nutrici, sconvolgendo le capacità della famiglia di accudire le larve. I segni rilevabili sono gli escrementi lucidi sul predellino di volo (diarrea), api con le ali aperte a forma di "K", api paralizzate e tremolanti, feci anche sui favi all'interno.
La trasmissione tra alveari può essere dovuta alla deriva delle api bottinatrici, ai maschi

		NOSEMIASI			VIROSI			POLLINE
		Nosema spp.	**Nosema ceranae**	**Nosema apis**	**DWV Ali Deformi**	**ABPV Paralisi Acuta**	**CBPV Paralisi Cronica**	**Azoto proteico**
		Microscopio ottico	PCR Real Time	PCR Real Time	Real Time RT-PCR End Point	Real Time RT-PCR End Point	Real Time RT-PCR End Point	Titolazione %
MODULO 1	**TSC 1-1**	POSITIVO	1,19 x 10^7 spore	negativo	2,46 x 10^5 copie v.	negativo	8,93 x 10^4 copie v	3,460
	TSC 1-2	POSITIVO	8,79 x 10^6 spore	negativo	2,43 x 10^5 copie v.	negativo	6,85 x 10^3 copie v	2,870
	TSC 1-3	POSITIVO	9,04 x 10^6 spore	negativo	>1 x 10^7 copie v.	negativo	3,96 x 10^4 copie v	2,570
	TSC 1-4	negativo	-	-	4,57 x 10^7 copie v.	negativo	1,16 x 10^5 copie v	3,410
	TSC 1-5	POSITIVO	1,24 x 10^4 spore		9,40 x 10^5 copie v.	negativo	negativo	3,520
MODULO 2	**TSC 2-1**	POSITIVO	9,85 x 10^4 spore	negativo	6,14 x 10^5 copie v.	negativo	negativo	3,100
	TSC 2-2	negativo	-	-	>1 x 10^7 copie v.	negativo	negativo	3,180
	TSC 2-3	negativo	-	-	7,41 x 10^4 copie v.	negativo	9,34 x 10^4 copie v	2,640
	TSC 2-4	negativo	-	-	1,45 x 10^7 copie v.	negativo	3,79 x 10^4 copie v	3,050
	TSC 2-5	negativo	-	-	5,11 x 10^5 copie v.	negativo	negativo	3,580
MODULO 3	TSC 3-1	POSITIVO	1,90 x 10^5 spore	negativo	>1 x 10^7 copie v.	negativo	negativo	2,850
	TSC 3-2	negativo	-	-	>1 x 10^7 copie v.	>1 x 10^7 copie v.	2,06 x 10^4 copie v	3,890
	TSC 3-3	negativo	-	-	>1 x 10^7 copie v.	negativo	negativo	3,080
	TSC 3-4	negativo	-	-	2,29 x 10^6 copie v.	negativo	negativo	3,240
	TSC 3-5	POSITIVO	8,13 x 10^5 spore	negativo	>1 x 10^7 copie v.	1,75 x 10^5 copie v	negativo	2,340
MODULO 4	TSC 4-1	POSITIVO	2,10 x 10^6 spore	negativo	1,08 x 10^6 copie v.	5,20 x 10^5 copie v	negativo	3,060
	TSC 4-2	POSITIVO	4,41 x 10^6 spore	negativo	1,88 x 10^6 copie v.	negativo	negativo	2,930
	TSC 4-3	negativo	negativo	negativo	>1 x 10^7 copie v.	negativo	1,88 x 10^5 copie v	3,450
	TSC 4-4	negativo	-	-	2,07 x 10^5 copie v.	negativo	negativo	2,680
	TSC 4-5	POSITIVO	3,70 x 10^7 spore	negativo	2,48 x 10^6 copie v.	negativo	negativo	2,840
MODULO 5	**TSC 5-1**	negativo	-	-	6,38 x 10^5 copie v.	negativo	negativo	3,240
	TSC 5-2	POSITIVO	8,14 x 10^5 spore	negativo	>1 x 10^7 copie v.	negativo	3,28 x 10^4 copie v.	2,100
	TSC 5-3	POSITIVO	4,79 x 10^5 spore	negativo	2,89 x 10^7 copie v.	negativo	negativo	2,480
	TSC 5-4	negativo	-	-	2,40 x 10^6 copie v.	negativo	negativo	3,630
	TSC 5-5	POSITIVO	1,95 x 10^6 spore	negativo	7,09 x 10^7 copie v.	negativo	negativo	3,820

Tab.1 - Presenza di patologie su polline e api (Progetto BeeNet).

	n° positivi/ n° totale campioni	prevalenza
Nosema Ceranae	13/25	52%
Nosema Apis	0/25	0%
CWV	25/25	100%
ABFV	3/25	12%
CBPV	9/25	36%

Tab.2 - Diffusione del nosema.

(che circolano liberamente da una famiglia all'altra), al saccheggio, allo spostamento dei telaini per pratiche apistiche (sempre da una famiglia all'altra), alle visite frequenti dell'apicoltore, all'andamento stagionale (maltempo) o alla cattiva ubicazione dell'apiario.
La profilassi prevede la scelta di un posto soleggiato per l'apiario, delle buone scorte per l'invernamento (almeno un elemento che deve pesare intorno a 18 kg), buona possibilità di approvvigionamento di polline fresco, poca manipolazione di materiale fra alveari (pratica quasi completamente assente dalla gestione delle arnie Warré).
Un diverso discorso riguarda il **Nosema ceranae** che ha come effetto finale un lento spopolamento in tutti i periodi dell'anno e conseguentemente la morte della famiglia. Isolato per la prima volta nel 1996, viene dal sud-est del continente asiatico. Sono tipiche di questa malattia sintomi completamente differenti da quelli provocati dal Nosema apis: maggiore gravità della manifestazione (spopolamento e morte degli alveari), l'assenza di turbe gastroenteriche (diarrea), l'apparizione della malattia in periodi differenti. Il riconoscimento definitivo è possibile solamente con analisi di laboratorio.
Vista la pericolosità, in caso di possibile contagio, tutte le attrezzature vanno trattate con fiamma azzurra (le spore vengono inattivate a 50°C); fumigazioni con acido acetico glaciale; idrossido di sodio al 5% (soda caustica) oppure ipoclorito di sodio allo 0,5% (candeggina).

La tabella 1 riporta i risultati di un'analisi sulle api e sul polline, effettuata all'interno del progetto BeeNet, nella quale il mio apiario è il modulo 3. Si vede che il nosema è presente. La più presente nei campioni è la virosi delle ali deformi, sempre riscontrata; le altre a seguire secondo la tabella 2.
È significativo che su cinque apiari dislocati su tutto il territorio della Toscana, l'incidenza del *Nosema ceranae* risulti prevalente nel 52% dei campioni, un'arnia su due.
È una malattia soggetta a denuncia e a misure di Polizia Veterinaria.

Peste europea
Un'altra malattia grave è la **peste europea** (*Melissococcus plutonius),* associata quasi sempre ad altri agenti batterici. Si riconosce, così come la peste americana, soprattutto grazie al cattivo odore che assume la famiglia quando ne è affetta, una particolarità che aiuta a riconoscere le famiglie colpite per il caratteristico odore che fuoriesce in prossimità dell'ingresso delle arnie.
La malattia si trasmette per via orale dalle nutrici alle larve, e il periodo di manifesta-

Favo di covata con il tipico quadro sintomatico di peste europea.

zione più frequente è la primavera. Si reputa trasmissibile attraverso la somministrazione di miele infetto, per lo spostamento con il nomadismo di famiglie ammalate, per il commercio di materiale apistico contaminato (favi, attrezzature), per lo scambio dei telai nella pratica apistica (Dadant principalmente) e per l'uso, peraltro illegale, di antibiotici.

L'alveare colpito presenta, osservando un favo di covata, quella che potremmo definire una "sofferenza delle larve": a prima vista è possibile notare le larve che "girano" nelle cellette e presentano spostamenti in tutte le direzioni rispetto all'ordinata trama di quelle sane. Osservando più attentamente, oltre al cambiamento della simmetria, è possibile notare anche un cambio di colore, larve ingiallite, brune, al posto del bel bianco perla luminescente tipico dello stato di salute. Dopo il contagio le larve muoiono entro quattro giorni. C'è da dire che le nostre api tendono, con l'aumento delle belle giornate e il miglioramento del nutrimento, a superare spontaneamente i casi iniziali di peste europea.

La profilassi si attua accertandosi che ci siano scorte sufficienti e cambiando i favi ogni due o tre anni. Con le Dadant è un'operazione che va fatta coscientemente, con le Warré la sostituzione è automatica e non ci dobbiamo pensare. Se la situazione fosse grave e difficilmente rimediabile è consigliata la soppressione della famiglia. Per una famiglia forte si può optare per la segregazione della regina e il blocco della covata fino a 20 giorni (con arnie Warré si spinge la regina con il fumo contro una griglia che, facendo passare le api ma non lei, ci permette di vederla, isolarla e ingabbiarla).

È una malattia soggetta a denuncia e a misure di Polizia Veterinaria.

Peste americana

L'agente della **peste americana** è un batterio sporigeno, il *Paenibacillus larvae,* le cui spore sono capaci di resistere diversi minuti a un trattamento di 100°C e possono sopravvivere in uno stato di quiescenza fino a trent'anni. Capite bene dunque che le spore sono il veicolo più pericoloso per il diffondersi della malattia e per una possibile reinfezione. Ricordo che quando ero ragazzo, i vecchi apicoltori, rimettevano gli sciami dentro arnie morte di peste, affermando che erano morte di "tignola". Inutile dire che le api subivano la stessa sorte in maniera ciclica.

Le misure di protezione si dividono in mezzi genetici e mezzi sanitari. Quelli **genetici** ci permettono di operare al nostro livello una selezione massale, eliminando i ceppi genetici più sensibili all'insorgere della malattia e ripoducendo invece quelli più resistenti. È una responsabilità dell'apicoltore filtrare i più adatti e compito della ricerca determinare e fissare le caratteristiche positive da replicare.

Questa è una sinergia poco sviluppata in Italia, ma che è presente e utilizzata in molte nazioni europee.

I mezzi **sanitari** sono la conoscenza (quindi capacità di riconoscimento), la localizzazione dell'apiario e degli eventuali apiari vicini, la situazione dell'area a livello agro-chimico, la qualità dell'habitat (caratteristiche delle arnie e microambiente della famiglia), la sorveglianza e le visite di controllo, la fecondità della regina (è consigliabile sostituirla ogni due anni) e la sostituzione dei favi vecchi.

Non è possibile una profilassi tramite vaccino e non esiste alcun trattamento preventivo. L'uso, negli anni passati, degli antibiotici in modo continuativo ha comportato la sempre più grande diffusione di spore resistenti e, per certi tipi di formulati, la quasi totale inefficacia.

Il filamento mucoso tipico della peste americana.

Il sintomo da osservare per monitorare la peste americana sono le larve: il favo si presenta con una covata non compatta e dagli opercoli forati. Gli opercoli sono in parte infossati e nell'aspetto globale sembra che manchi il colore bianco delle larve sane, esse sono invece giallastre, nocciola e poi (se scopriamo tardivamente la malattia) nero catrame. L'odore è forte e abbastanza repellente, viene definito simile alla colla di pesce. Io lo associo all'odore di putrefazione e una volta avvertito rimane indelebilmente nella memora olfattiva. Si riesce a percepire anche solo passando davanti alle arnie, a volte, un refolo di vento può portare il segnale di pericolo.

In presenza di tali segnali, analizzando i favi con materiale che poi sottoporremo a disinfezione, si può introdurre uno stecchino, nelle celle infette. Se estraendo il bastoncino, si formerà un filamento mucoso abbastanza elastico, le probabilità che si tratti di peste americana sono altissime. Per non incorrere in altre perdite è obbligatorio agire subito, in caso contrario il saccheggio o la deriva delle bottinatrici potrebbero aumentare il numero dei contagi.

È una malattia soggetta a denuncia e a misure di Polizia Veterinaria.

Aethinosi

L'**aethinosi** è una parassitosi dovuta a un coleottero, *Aethina tumida,* ormai presente in numerose zone d'Italia.

Cartagine non è lontana. Sentivamo veramente il bisogno di confrontarci con questa ennesima piaga.

A ogni modo il manifestarsi del parassita si concretizza (raggiungendo numeri elevati) nella distruzione di covata, miele e polline, che fanno tutti parte della sua dieta alimentare.

Inoltre, in aggiunta alla distruzione dei favi e quindi dell'ossatura della famiglia, causa con le sue feci la fermentazione e la contaminazione del miele.

Aethina tumida.

In casi di infestazioni molto forti le api reagiscono, come *ultima ratio,* con l'abbandono dell'arnia, adottando lo stesso comportamento che prendono nei confronti della varroa (gli sciami tardivi a fine stagione, senza regina e senza possibilità di sopravvivenza).

Una volta che il coleottero si sia installato nell'alveare la sua presenza diviene endemica e non si può più eradicare, si deve iniziare una pratica di contenimento e controllo.

La larva dell'Aethina è lo stadio più pericoloso e dannoso per la famiglia (Wyatt Mangum rimuove le larve tutte le volte che le intravede): possono sembrare simili alla tarma della cera, ma differiscono per la presenza di tre paia di zampe nella parte anteriore e per due grandi spine nella parte posteriore.

In Italia si stanno diffondendo delle trappole per catturare e monitorare gli scarabei che esistono in moltissime forme, di molte misure e di diversi di utilizzo. Non ho avuto, ripeto, la possibilità di testarle.

Wyatt suggerisce di lavorare su razze geneticamente resistenti e, specialmente per le arnie Dadant, di evitare ogni somministrazione di sostituti di polline specialmente nella parte bassa degli alveari poiché questa diverrebbe sede privilegiata di sostentamento e di riproduzione delle larve.

Oltre a un lavoro continuo di sorveglianza e di rimozione delle larve (e dei pezzetti di favo già infestati), egli ha messo a punto un metodo semplice che dovrebbe essere "aggiustato" e quindi calibrato per le nostre arnie. Quando le larve sono mature lasciano l'alveare per andare a nascondersi nel terreno e divenire pupe. Coprire e/o impermeabilizzare il luogo dove insistono le nostre casse potrebbe già essere considerata una

Larve di *Aethina tumida*.

prima misura sanitaria. L'uscita dall'alveare avviene con l'ausilio di una caratteristica fototropica, le larve cercano cioè la luce. Wyatt fa in modo che ci sia una sola via d'uscita attrattiva (lui lavora con le TBH ma il discorso è valido con tutte le altre arnie, Warré compresa), le larve seguendo la luce escono dal predellino e si gettano sul terreno per seppellirsi e terminare così il ciclo. Per intercettarle ha preparato dei secchielli di plastica di recupero (tipo quelli che gli apicoltori usano per confezionare il miele da 5 kg), li assicura davanti all'uscita, leggermente in pendenza, legandoli per impedire che il vento li porti via.
Sul fondo del secchiello mette un po' di terra mista a sabbia mantenuta umida, i parassiti vi si seppelliranno, rimuovendo periodicamente il contenuto e esponendolo al caldo e al sole, oppure schiacciando meccanicamente la sabbia, si ha la distruzione dei coleotteri in sviluppo che sono ancora delicati e non pigmentati. Un accorgimento utile è il prolungamento dei tetti (con delle lamiere, pezzi di plastica o di legno...) in modo che la pioggia scorra attorno al secchiello e non lo riempia.
L'uso del fondo classico di Warré incanala più facilmente le larve mature in uscita.
È una malattia soggetta a denuncia e a misure di Polizia Veterinaria.

Vespa velutina

Si tratta di un predatore di recente introduzione in Italia, originario dell'area compresa fra Cina meridionale, India, Indocina e Indonesia differenziata in undici sottospecie, ma solamente quella più settentrionale, la nigrithorax, è stata accidentalmente trasportata dalla Cina in altre parti nel mondo.
Il ciclo biologico
La *Vespa velutina* è un insetto sociale, la cui

colonia è formata dai riproduttori (regine e maschi) e dalle operaie, che come nelle api sono femmine sterili. A differenza delle api, che vivono in alveari permanenti, i nidi della Vespa velutina vengono edificati ogni anno alla fine dell'inverno o all'inizio della primavera dalle regine fecondate in autunno.

Sono loro a costruire le prime cellette e ad allevare alcune operaie; quando queste diventano adulte in alcuni casi viene scelto un nuovo nido, dove le regine si dedicano esclusivamente all'ovideposizione mentre le operaie procurano il cibo, accudiscono le larve e ingrandiscono il nido. In tarda estate, o all'inizio dell'autunno, la colonia raggiunge la massima dimensione e alleva i maschi e le nuove regine, che dopo essere state fecondate abbandonano il nido e cercano un riparo invernale. Il resto della colonia muore con l'arrivo del primo freddo.

Il ciclo biologico della velutina è molto simile a quello del calabrone comune *Vespa crabro*, ma la prima è più aggressiva e forma colonie più numerose. I nidi possono essere molto popolosi, in media sono abitati da circa 6.000 individui anche se alcuni insediamenti possono raggiungere le 13.000 unità.

Detto anche calabrone asiatico, la Vespa velutina è un predatore di alcune specie di insetti, tra cui l'*Apis mellifera* causando gravi danni a causa della decimazione delle bottinatrici e lo stress recato all'alveare che, continuamente predato, arresta l'attività di volo e la deposizione delle uova arrivando fino al collasso. La particolarità di questo predatore sta proprio nel cacciare le api direttamente di fronte all'ingresso dell'arnia, dove si apposta stazionando ai bordi dell'apiario, di solito di fronte all'entrata, a una distanza di 30-40 cm. Le sue vittime preferi-

Adulto di Vespa velutina.

te sono le bottinatrici che attacca dall'alto, facendole cadere al suolo e paralizzandole prima di sopprimerle.

In questo modo, all'inizio dell'invernamento, un alveare debole può essere decimato in una o due settimane. I tentativi di intrusione del calabrone
nell'alveare sono particolarmente frequenti da settembre a dicembre.

Abilissimo predatore di api nel suo territorio di origine, solo in Europa la velutina minaccia seriamente l'esistenza degli alveari. Le specie di apis del sud-est asiatico, tra cui l'*Apis cerana*, hanno infatti elaborato un efficace strategia di difesa, ancora sconosciuta alle api europee, detta "palla di fuoco": le api creano una massa compatta attorno al calabrone e vibrando le ali fanno aumentare la temperatura all'interno. Nel giro di cinque minuti la temperatura del glomere raggiunge i 45°C e il calabrone soccombe per ipertermia.

Questa tecnica di difesa non è nuova agli apicoltori europei: le nostre api fanno lo stesso contro il calabrone comune, ma solo nel caso entri nell'alveare. Sembra che esista una distanza limite entro la quale, non sentendosi minacciate o in pericolo, le api nostrane non reagiscono.

Strategie di contenimento

La prima segnalazione di Vespa velutina in Europa risale al 2004, in Francia. Dopo essersi diffusa in tutto il territorio francese, ha iniziato a sconfinare nei paesi limitrofi. In Italia, i primi esemplari sono stati catturati nel 2012 in Liguria, negli anni seguenti si è diffusa in Piemonte e ora si sta spingendo verso il Veneto, la Lombardia e il resto della penisola.

Secondo alcune ricerche francesi, la perdita di alveari dovuta alla Vespa velutina si avvicina al 50%, con un potenziale avanzamento dell'infestazione di circa 100 km all'anno e fino a oggi ogni tentativo di eradicare la Vespa velutina in Francia si è rilevato inutile.

In Francia è stata stilata la seguente scala di rischio:

- con 2 calabroni per alveare si nota un turbamento, ma l'attività della colonia continua regolarmente;
- da 3 a 5 calabroni per alveare il turbamento diventa forte;
- con più di 5 calabroni l'alveare è a seriorischio di collasso.

Ecco qui di seguito alcune misure di protezione elaborate in base alle conoscenze acquisite dagli apicoltori e gli istituti di ricerca francesi:

- ridurre l'ingresso degli alveari a non più di 5.5 mm, per impedire al calabrone asiatico di entrare negli alveari;
- evitare di mettere i telaini ad asciugare all'aperto dopo ogni smielata;
- catturare le regine fondatrici, in particolare tra febbraio e maggio. A questo scopo è stata messa a punto una trappola selettiva preparata con una miscela di birra e zucchero;
- mantenere attive le trappole per calabroni tutto l'anno, in particolare negli apiari di fecondazione;
- individuare e distruggere sistematicamente i nidi di Vespa velutina a inizio agosto, prima dell'allevamento delle future regine fondatrici;

Per il momento non sono state effettuate ricerche circa eventuali predatori o antagonisti naturali della Vespa velutina, ma in Francia sono state osservate scene di saccheggio in colonie di Vespa velutina in estate e si sono visti picchi verdi e ghiandaie saccheggiare i nidi e cince nutrirsi delle

Nido di vespa velutina.

ultime larve all'inizio dell'inverno, quando la colonia si estingue. Sempre in Francia, dove la Vespa velutina è presente da diversi anni, alcuni apicoltori hanno osservato alcune interessanti modalità di difesa attivate dalle api:

- le api, per impedire l'accesso al calabrone si raggruppano sul predellino di volo e quando questo minaccia di attaccare, gli si dirigono contro facendolo allontanare;
- un gruppo di api si lancia sul calabrone, lo cattura e tenta di pungerlo tra i tergiti dell'addome, tra addome e torace, o ancora tra torace e testa, per eliminarlo;
- un'ape si alza dal predellino di volo, sale in verticale, cade in picchiata sul calabrone in volo stazionario e lo punge tra testa e torace, o tra torace e addome. Il calabrone cade al suolo e riparte verso il nido dopo alcuni minuti;
- l'ape, invece di avvicinarsi all'alveare in discesa morbida, si lancia in picchiata sopra al calabrone spingendolo fino davanti l'alveare, per farlo cadere in verticale sulla barba di difesa, che tenta di eliminarlo.

Come appare evidente, tra i diversi atteggiamenti di difesa sopra evidenziati, non compare la tecnica della "palla di fuoco" prima descritta, ma la reattività delle api europee fa molto sperare nella possibilità di arginare questa nuova piaga degli alveari.
Di sicuro appare poco utile e assai rischioso l'impiego di esche avvelenate e insetticidi. Una procedura poco efficace che rischia di selezionare ceppi di calabroni resistenti a discapito delle api e altri insetti, com'è già avvenuto con la varroa.
Continuare a somministrare insetticidi e diserbanti, anche in piccoli appezzamenti come orti, giardini, frutteti, oliveti, distrugge la biodiversità riducendo la presenza di possibile prede alternative per la Vespa velutina e danneggiando i possibili predatori naturali.

Per ulteriori informazioni consigliamo di contattare i seguenti siti:
Rete Stop Velutina, www.stopvelutina.it contiene una mappa aggiornata della diffusione del predatore in Italia e altre importanti informazioni per contrastare la sua proliferazione;
Arpat, www.arpat.info/index.php?option=com_content&view=article&id=290:-vespa-velutina-imparare-a-conoscerla-per-affrontare-il-problema&catid=7:varie

L'apicoltura biologica e quella convenzionale

Questo è in assoluto il capitolo più difficile da scrivere di tutto l'intero libro. Tenterò, come al solito, di fornirvi degli spunti di riflessione e di ricerca. Spero principalmente che alle parole possano seguire i fatti, riuscendo, dopo i nostri enunciati generali, a riportare tutti questi discorsi nella semplice pratica quotidiana.

Abbiamo compreso tutti che, specialmente in agricoltura e nelle zootecnie, non sarà possibile andare avanti per molto tempo lungo la strada tracciata dalle multinazionali. Queste aziende, che hanno delle risorse economiche superiori a molti Stati dove sono presenti, riescono a imporre, legalmente e non, delle visioni, dei comportamenti e degli squilibri che sono e saranno difficili da fronteggiare.

Ma non dobbiamo disperarci.

Scrive Fritjof Capra nel libro "Agricoltura e cambiamento climatico": «...*fortunatamente esiste un'alternativa* ***praticabile*** *e sostenibile all'agricoltura industriale e cioè un insieme di tecniche agricole basate su principi ecologici affinati nel corso del XX secolo e adottati in tutto il mondo, soprattutto negli ultimi venti anni. Grazie a queste tecniche, è possibile coltivare cibi sani in modo sostenibile e decentralizzato, nel rispetto della biodiversità, delle comunità e dell'efficienza energetica. Questo approccio innovativo è caratterizzato da certificazioni biologiche, permacultura e agricoltura biodinamica. Negli ultimi anni il termine "agroecologia" è usato sempre più spesso come concetto unificante che fa riferimento sia alla base scientifica che alla pratica di un'agricoltura fondata su principi ecologici.*»

A livello personale ho sempre cercato di improntare la mia attività, nonostante abbia potuto rientrare in qualsiasi momento nella certificazione, in quella che oggi viene chiamata "garanzia partecipativa", nel meccanismo cioè di legame stretto con i consumatori, base di un rapporto trentennale di fiducia, supportata (per evitare dubbi), da una discreta quantità di analisi svolte da tutti gli enti preposti al controllo, analisi che negli anni hanno formato una serie di risultati premiante e qualificante.

Prima di scendere nei dettagli consideriamo le differenze tra i due metodi di allevamento evidenziate nel principale prodotto in questione: il miele.

Il miele è un alimento naturale; per essere considerato bio però deve rispondere a un insieme di norme molto rigide.

Il prodotto è tutelato dalle norme vigenti in quanto la dicitura "miele" può essere data solo al prodotto derivato dal lavoro delle api, senza che sia tollerata nessun tipo di manipolazione.

Questa sembrerebbe essere già una tutela elevata, ma in realtà, lungo tutto il processo di produzione, differenti elementi esterni possono alterare la qualità del miele raccolto: la presenza di pesticidi sui fiori, trattamenti chimici "pesanti" effettuati nell'arnia, metodi di raccolta e di estrazione del miele.

La differenza principale tra un miele bio e uno convenzionale risiede soprattutto nell'areale dove avviene la raccolta, dove

cioè le api raccolgono, e nei metodi di gestione degli alveari.
In Europa, il disciplinare di produzione riporta le principali esigenze alle quali gli apicoltori si debbono adeguare per ottenere l'etichetta bio:

a. gli alveari debbono essere circondati da coltivazioni biologiche o selvatiche per un raggio di 3 km;
b. le zone di raccolta debbono essere lontane almeno di 3 km da sorgenti di inquinamento (città, strade, zone industriali, discariche...);
c. le arnie debbono essere costruite con dei materiali non trattati, senza pitture e vernici sintetiche;
d. i telai posizionati all'interno debbono essere guarniti con cera biologica;
e. le api debbono essenzialmente essere nutrite con il loro miele, il ricorso all'alimentazione artificiale deve restare un evento eccezionale;
f. le api debbono essere curate con metodi naturali (omeopatia e fitoterapia);
g. all'atto della raccolta è interdetto l'uso dei repulsivi chimici;
h. l'estrazione deve essere effettuata a freddo (temperatura estiva 35/40 gradi) e non con riscaldamento (superiore a 40 gradi).

Le miscele di mieli sono proibite in apicoltura biologica, la certificazione vi garantisce che l'apicoltore non ha mescolato la sua produzione con del miele importato, come è sovente il caso dei mieli venduti nei supermercati.
Approfondiamo tecnicamente la certificazione, per chi fosse interessato a iniziare un percorso professionale orientato al riconoscimento legale come produttore biologico. Una volta inquadrate le fonti normative per passare praticamente al riconoscimento si deve fare riferimento all'ente di certificazione scelto per la modulistica.

La certificazione del metodo biologico.
(Estratto legislativo di Donato Ferrucci[20])
L'apicoltura rientra nel campo di applicazione dei Regolamenti (CE) 834/2007 e 889/2008, in quanto le api sono una delle specie ricompresse tra quelle normate ai sensi del Reg. (CE) 889/2008 (capo II- Produzione animale, art.7- campo di applicazione).
Pertanto, le realizzazioni produttive dell'apiario sono certificabili biologiche, ai sensi dell'art.1, comma 2 Reg. (CE) 834/2007 come:

a. prodotti agricoli vivi (api)
b. prodotti non trasformati (miele, polline e propoli).

L'attività apistica di sicuro bene interpreta i principi dell'agricoltura biologica a causa della indiscutibile valenza ambientale che la caratterizza. Sono ben note le funzioni svolte ai fini dell'impollinazione, sia per le aree naturali che per i sistemi produttivi, oltre che la validità come indicatore dello stato di benessere ambientale dell'area.
La base normativa dell'attività apistica con metodo biologico è individuata nel Reg. (CE) 889 sopracitato e nel DM 18354 del 27/11/2008. I requisiti sono purtroppo disseminati in ordine sparso lungo l'intero Regolamento e presentano diverse puntualizzazioni nel decreto prima citato. Il pre-

20. Dottore agronomo libero professionista, riveste attualmente l'incarico di Responsabile di Bioagricert Lazio e di Cultore della materia presso la cattedra di Gestione e Comunicazione d'Impresa – Facoltà di Scienze della Comunicazione, Università degli Studi della Tuscia.

sente contributo vuole elencare in ordine sequenziale i dettami che interessano l'apicoltura, allo scopo di fornire agli interessati una chiave di lettura ordinata e semplice delle regole del gioco. Ciò a vantaggio di un settore definito minore, ma solo in termini di numerosità e dimensione media degli operatori, ma di certo non in termini di impatto strategico verso un settore, quello delle produzioni biologiche, che ha nella componente ambientale la sua più importante declinazione.

Requisiti e condizioni di ricovero (art. 13, 17 Reg. (CE) 889/08)

Tutti gli apiari devono essere condotti secondo il metodo dell'apicoltura biologica.
L'ubicazione degli apiari deve essere tale che, nel raggio di 3 km dal luogo in cui si trovano, le fonti di nettare e polline siano costituite essenzialmente da:

1. coltivazioni ottenute con il metodo di produzione biologico;
2. flora spontanea;
3. coltivazioni sottoposte a cure colturali di basso impatto ambientale[21].

I requisiti sopra esposti non si applicano alle aree che non sono in periodo di fioritura o quando gli alveari sono inoperosi.
Vale però la pena ricordare che, a partire dal 1° gennaio 2014 trova applicazione il DM 150/2012 (2) nella parte che rende obbligatoria la difesa integrata per l'agricoltura e, di fatto, a parere di chi scrive, "demolisce" il requisito al terzo punto, in quanto lo rende implementato sull'intero sistema agricolo. Ciò non vuole essere una semplificazione o, ancor peggio, una disattenzione verso il rispetto del requisito ma piuttosto ricondurre il sistema verso un approccio ragionato, basato sull'analisi dei rischi e la conseguente consapevolezza tecnica di quanto effettuato. Tale analisi trova formalizzazione in un elaborato come previsto dall'art. 63 del Reg. (CE) N. 889/2008, dove l'azienda, tra gli altri elementi indica "le misure precauzionali da prendere per ridurre il rischio di contaminazione da parte di prodotti o sostanze non autorizzati". Pertanto, sarà di sicuro necessaria un'attenta analisi del contesto produttivo e delle potenziali fonti di inquinamento.
È inoltre specificato che gli Stati membri possono designare le regioni o le zone in cui non è possibile praticare un'apicoltura che risponda alle norme di produzione biologica. Evidentemente per quei casi di notevole criticità dal punto di vista ambientale.

Le strutture (artt. 13 e 44 Reg.(CE) 889/08 – artt. 4 e 7 DM 18354/2009)

Gli alveari devono essere costituiti essenzialmente da materiali naturali che non presentino rischi di contaminazione per l'ambiente o per i prodotti dell'apicoltura.
Inoltre, la cera per i nuovi telaini deve provenire da unità di produzione biologica, o meglio, deve essere ottenuta da operatori sottoposti al sistema di controllo che garantisca, in ogni fase del processo di trasformazione della cera, la tracciabilità della stessa (art. 4 DM 18354/2009).
Nel caso di nuovi impianti o durante il periodo di conversione può essere utilizzata cera non biologica unicamente se:

a. la cera prodotta biologicamente non è disponibile in commercio;
b. è dimostrato che la cera non biologica è esente da sostanze non autorizzate nel-

21. Ovvero equivalenti a quelle descritte all'articolo 36 del regolamento (CE) n. 1698/2005 del Consiglio[1] o all'articolo 22 del regolamento (CE) n. 1257/1999 del Consiglio. che non incidono sulla qualifica della produzione apicola come produzione biologica.

la produzione biologica;

c. la cera non biologica proviene da opercoli.

Al fine di dimostrare la mancanza di disponibilità di cera grezza biologica e/o fogli cerei ottenuti con cera biologica è necessario presentare evidenze oggettive quali le dichiarazioni delle ditte produttrici. La dimostrazione di assenza di sostanze non è determinata mediante analisi sul prodotto.

Interventi sanitari (artt. 13, 25 Reg. (CE) 889/2008)

Negli alveari possono essere utilizzati solo prodotti naturali come propoli, cera e oli vegetali, sono inoltre ammessi trattamenti fisici (vapore/fiamma diretta).

Invece, per la protezione dei telaini, degli alveari e dei favi, in particolare dai parassiti, sono consentiti soltanto i rodenticidi (da utilizzare unicamente in trappole) e i prodotti elencati nell'allegato II del Reg. (CE) N. 889/2008.

Per quanto attiene la lotta alla *Varroa destructor* è ammessa la pratica della soppressione della covata maschile e possono essere usati l'acido formico, l'acido lattico, l'acido acetico, l'acido ossalico, mentolo, timolo, eucaliptolo e canfora. È però fissato il principio che i medicinali veterinari possono essere utilizzati in apicoltura biologica solo se autorizzati per lo scopo nello Stato membro.

Qualora le misure preventive adottate non fossero sufficienti e le colonie risultassero malate o infestate, queste andranno curate immediatamente e isolate. Nel caso di applicazione di prodotti allopatici ottenuti per sintesi chimica, è previsto che:

- le colonie trattate siano isolate in apposito apiario;
- la cera venga sostituita con altra cera proveniente da apicoltura biologica;
- le colonie saranno soggette al periodo di conversione di un anno.

Resta ovvio che devono essere chiaramente identificati i lotti degli alveari trattati. Quanto appena esposto non si applica per i prodotti prima richiamati, utilizzabili nella lotta alla varroa.

Alimentazione (art. 19 Reg. (CE) 889/2008)

Alla fine della stagione produttiva, negli alveari devono essere lasciate scorte di miele e polline sufficienti a superare il periodo invernale. L'alimentazione delle colonie di api è autorizzata soltanto quando la sopravvivenza degli alveari è minacciata da condizioni climatiche avverse. In tal caso l'alimentazione deve essere effettuata con miele, zucchero o sciroppi di zucchero biologici.

Gestione degli apiari (artt. 8, 9, 13, 18 Reg. (CE) 889/2008)

In questa tematica rientrano tutta una serie di pratiche che interessano le modalità operative di intervento sulle famiglie.

1. È privilegiato l'uso di Apis mellifera e delle sue subspecie locali.
2. Fino al 10% delle api regine e sciami dell'unità può essere sostituito con elementi non biologici a condizione che siano collocati in alveari con favi o fogli cerei provenienti da unità di produzione biologica.
3. È vietato l'uso di repellenti chimici sintetici durante le operazioni di smielatura.
4. Per l'estrazione del miele, è vietato l'uso di favi che contengano covate.
5. È vietata la spuntatura delle ali delle api regine, classificata come mutilazione.

Periodo di conversione (art. 38 Reg. (CE) 889/2008)

I prodotti dell'apicoltura possono essere venduti con riferimenti al metodo di produzione biologico soltanto se le norme applicabili a tale produzione sono state rispettate per almeno un anno. Il periodo di conversione degli apiari non si applica alla quota del 10% di sostituzione ammessa con animali non biologici.

Nel corso del periodo di conversione la cera deve essere sostituita con cera proveniente dall'apicoltura biologica.

Misure di controllo specifiche per l'apicoltura (art. 78 Reg. (CE) 889/2008 e art. 9 DM 18354/09)

L'apicoltore deve fornire all'organismo di controllo un inventario cartografico su scala adeguata dei siti di impianto degli alveari. In mancanza di zone di bottinatura come definite dal regolamento (art. 13, paragrafo 2, prima descritto), l'apicoltore deve fornire all'organismo di controllo adeguate prove documentali, incluse eventuali analisi, per dimostrare che le aree di bottinatura accessibili alle sue colonie rispondono ai criteri prescritti dal regolamento.

Le prove documentali sono intese quelle dichiarate nell'elaborato di cui all'art. 63 del Reg. (CE) N. 889/2008 (vedi paragrafo "requisiti e condizioni di ricovero" del presente articolo)

L'operatore deve registrare i seguenti dati relativi alla nutrizione:

- tipo di prodotto,
- date,
- quantità,
- alveari interessati.

Nel caso di somministrazione di medicinali veterinari, occorre registrare:

- il tipo di prodotto somministrato (indicando anche i principi attivi in esso contenuti),
- i particolari della diagnosi,
- la posologia,
- le modalità di somministrazione,
- la durata del trattamento,
- il periodo di sospensione previsto per legge.

Il registro deve inoltre riportare l'identificazione degli apiari e la zona in cui sono situati. In caso di spostamento di apiari, occorre informarne l'organismo di controllo entro un termine convenuto. Nello specifico, il termine entro cui l'operatore deve informare l'Organismo di controllo è di 10 giorni nei casi di spostamento in zone non conformi (ai sensi del paragrafo 1, art. 13 del Reg. (CE) n. 889/08). Per gli spostamenti in zone conformi rispetto al medesimo punto norma, la comunicazione si intende assolta con la trasmissione del Piano annuale di produzione aggiornato.

Circostanze calamitose (art. 47 Reg. (CE) N. 889/2008)

L'autorità competente può autorizzare in via temporanea:

a) in caso di elevata mortalità delle api a causa di problemi sanitari o di circostanze calamitose e in mancanza di apiari biologici, la ricostituzione degli apiari con api non biologiche;
b) in caso di condizioni meteorologiche eccezionali e persistenti o di circostanze calamitose che impediscono la produzione di nettare o di melata, l'alimentazione delle api con miele, zucchero o sciroppo di zucchero biologici.

Riferimenti Bibliografici e normativi:

- Regolamento (CE) n. 834/2007, relativo alla produzione biologica e all'etichettatura dei prodotti biologici e che abroga il regolamento (CEE) n. 2092/91.
- Regolamento CE n. 889/2008, recante modalità di applicazione del regolamento (CE) n. 834/2007 del Consiglio relativo alla produzione biologica e all'etichettatura dei prodotti biologici, per quanto riguarda la produzione biologica, l'etichettatura e i controlli.
- Compendio normativo dei prodotti biologici (Europa e Italia), aggiornato al Regolamento di esecuzione (UE) n. 203/2012 della Commissione dell' 8 marzo 2012. Bioagricert srl.

I sistemi di garanzia partecipata

Riportiamo qui di seguito parte del documento del gruppo di lavoro sulla "Certificazione partecipata" elaborato dall'assemblea nazionale dei Gruppi d'acquisto solidali (Gas) - Distretti di economia solidale svoltosi a Osnago il 5 e 6 giugno 2010. Il documento offre spunti preziosi per conoscere quali istanze e quali obiettivi si concretizzano nella crescente richiesta di prodotti genuini e biologici al di fuori delle filiere "storiche", e quali dubbi siano sorti sulla certificazione così come la conosciamo. Si tratta di un mondo ancora in costruzione, dal quale traspare però già la possibilità di una partecipazione attiva dei consumatori.

«Stringete la mano che vi nutre. Non appena lo fate, l'affidabilità torna ad essere una questione di rapporti umani invece che di normative, etichette o responsabilità legali.
[...]
La regolamentazione è un sostituto imperfetto di quell'affidabilità e di quella fiducia che sono parti integranti di un mercato nel quale il produttore e il consumatore possono guardarsi negli occhi. Solo quando saremo corresponsabili di una catena alimentare corta potremo, settimana dopo settimana, prendere coscienza del fatto che noi facciamo parte di una catena alimentare e che la nostra salute dipende dalla sua gente, dai suoi terreni e dalla sua integrità – dal suo stato di salute.»

Cosa sono i sistemi di garanzia partecipativa?
La definizione di IFOAM (*International Federation of Organica Agriculture Movements*; Federazione internazionale dei movimenti per l'agricoltura biologica) recita:
"I sistemi di garanzia partecipativa (PGS – *Participatory Guarantee Systems*) sono sistemi di assicurazione della qualità che agiscono su base locale. La certificazione dei produttori prevede la partecipazione attiva delle parti interessate (stakeholders) ed è costruita basandosi sulla fiducia, le reti sociali e lo scambio di conoscenze."
Sui medesimi fattori appare fondata la definizione offerta da Euclides Mance[22]:
"La certificazione partecipativa [...] è un sistema solidale di formazione della credibilità così costruito: una attività in rete che unisce produttori e consumatori a partire dalle proprie locali relazioni di fiducia."
Significativa appare l'elencazione degli elementi chiave di un PGS proposta da IFOAM, che ben si adattano ad entrambe le definizioni proposte:

1. orizzonte (vision) condiviso: produttori e consumatori devono condividere consapevolmente i principi ispiratori del PGS;
2. partecipazione: la credibilità del sistema è una conseguenza della partecipazione attiva di tutti gli attori;
3. trasparenza: tutti gli attori coinvolti devono avere un buon livello di consapevolezza delle modalità di funzionamento del sistema. Non dunque una mera esposizione formale di tutti i dettagli (che pos-

22. http://www.solidariusitalia.it/2011/11/bio-di-euclides-andre-mance/#more-350

sono apparire falsamente informativi, se eccessivamente minuti o tecnici), ma una effettiva e sostanziale conoscenza diffusa dei passaggi principali e degli elementi fondanti del processo;
4. fiducia: il sistema si basa sulla convinzione, diffusa tra tutti gli attori, che i produttori agiscano in buona fede e che la certificazione sia espressione di tale affidamento;
5. apprendimento: la certificazione deve tradursi in un processo di apprendimento collettivo permanente, che irrobustisce tutta la rete coinvolta;
6. orizzontalità: tutti gli attori coinvolti nel PGS devono condividere il medesimo livello di responsabilità e competenza nel processo.

***

Benché in questo contesto i termini "garanzia" e "certificazione" vengano spesso utilizzati alla stregua di sinonimi, l'utilizzo del primo pare preferibile in quanto meglio si presta a esprimere la gradualità (possiamo dire "con un certo grado di garanzia"), in luogo del secondo che rimanda a una situazione esclusiva e discreta (un prodotto/processo o è certificato o non lo è, non può esserlo "in una certa misura").

Perché i GAS intendono promuovere sistemi di garanzia partecipata?
Il processo di certificazione di terza parte (il classico "bollino") non appare sempre il più adeguato a garantire la qualità di una produzione o le caratteristiche di un produttore in aderenza ai principi dell'economia delle relazioni, che auspichiamo dovrebbero informare anche i rapporti tra GAS e produttori di riferimento.
In particolare i consueti sistemi di certificazione prevedono un ruolo passivo del produttore (il produttore si adegua a indicazioni di altri) e l'estraneità del consumatore (che non ha alcuna parte nel processo); agiscono su base esclusiva e discreta: chi risponde alle caratteristiche del protocollo è "dentro", gli altri "fuori". Passività ed estraneità, ovvero l'antitesi della partecipazione paritaria e diretta che ispira la pratica dei GAS e le relazioni con i produttori di riferimento.
I PGS sono basati su un processo di apprendimento collettivo che aspira a coinvolgere paritariamente tutti gli attori interessati, e implicano dunque la gradualità: l'adesione al meccanismo di garanzia partecipata esprime, in piena trasparenza, tanto la volontà di raggiungere un certo obiettivo (definito da un protocollo condiviso) quanto il grado di raggiungimento dello stesso.
In altre parole equivale alla dichiarazione di un produttore (sostenuta da opportune evidenze, dalla fiducia e dalla rete sociale di riferimento) di collocarsi all'interno di un processo, alla volontà di muoversi in una certa direzione. Dichiarazioni del tipo: "quest'anno sono arrivato fino a qui, i consumatori e tutte le parti interessate ne sono perfettamente consapevoli, ma ci stiamo attrezzando per raggiungere per l'anno prossimo l'obiettivo condiviso con il gruppo di garanzia" traggono legittimità dalla indifferenza rispetto al contesto e alla scala locale.
Il protocollo di certificazione è il medesimo per territori diversi o differenti tipologie di produttori (piccoli, grandi, più o meno strutturati ecc.), aspetto che rappresenta un importante elemento di garanzia (tanto è vero che i protocolli sono definiti su scala elevata, nazionale o sovranazionale).

La certificazione partecipativa al contrario si realizza in una rete territorialmente circoscritta, ereditandone le peculiarità: il meccanismo di certificazione sarà dunque differente da contesto a contesto, concentrandosi sugli elementi di volta in volta più critici o verso i quali la rete sociale di riferimento esprime maggiore sensibilità (la dignità del lavoro, la sostenibilità sociale, il metodo produttivo, la difesa del suolo, la tutela della biodiversità, il recupero di saperi ecc.), offrendone naturalmente evidenza in perfetta trasparenza.
Per questa ragione ogni sistema di garanzia partecipata:

- ha un suo proprio "marchio", diversamente dai meccanismi di certificazione di parte terza con un unico marchio disciplinato dalla normativa nazionale o sovranazionale;
- è specializzato verticalmente su singoli aspetti: ogni "bollino" certifica un solo aspetto di un processo produttivo o un prodotto, e con riferimento non a principi generali ma a una determinata versione della normativa di riferimento (ad esempio la medesima certificazione ISO 9001 nella versione 2008 è parzialmente differente da quella della versione 2000).

I PGS, basandosi sulla rete relazionale, possono invece considerare un produttore e i processi produttivi che lo vedono implicato nella loro integrità, contemplando contemporaneamente più aspetti e/o aprendosi a più passaggi della filiera (approssimando appunto una certificazione di filiera).
Ad esempio possiamo porre all'attenzione di un unico sistema di garanzia partecipata la dignità dei lavoratori e la sostenibilità ambientale di un processo produttivo, considerando non solo l'attività che si svolge nell'azienda produttiva, ma anche chi si occupa della logistica e dell'imballaggio. Tale attitudine appare particolarmente vicina a quella dei GAS, che affrontano la scelta di un produttore a partire dalla relazione complessa che instaurano con esso (che abbraccia naturalmente una molteplicità di aspetti) e con tutte le fasi che conducono dalla materia prima alla consegna del prodotto finito.
Va precisato che non mancano modelli di certificazione di parte terza che prevedano una gradualità di giudizio, con marcature differenziate a secondo del grado di aderenza alla normativa raggiunto (ad es. il modello EFQM). Si tratta tuttavia non solo di eccezioni (a fronte delle consuete modalità di certificazione), ma anche di meccanismi tesi a suscitare la competitività (non a caso spesso associati a concorsi e premiazioni) e/o a enfatizzare la vicinanza a un traguardo, assai differentemente dall'approccio inclusivo che informa i PGS.
I tradizionali sistemi di certificazione, basati su un elevato livello di formalizzazione, richiedono una significativa burocrazia e costi non sempre sostenibili, necessitano di una particolare cura amministrativa, che non sempre i produttori piccoli, locali o artigianali possono (o intendono) sostenere, senza considerare i costi (diretti ed indiretti) che ne derivano (di certificazione, consulenziali, di gestione del marchio, royalities ecc.).
I PGS riducono al minimo la burocrazia, privilegiando il confronto diretto; inoltre i costi vengono contenuti essenzialmente alla copertura delle spese vive, alla cura delle rete, alla comunicazione e all'eventuale coinvolgimento di esperti o tecnici esterni.
I GAS intendono dunque promuovere i PGS perché appaiono coerenti con il loro approccio (più di quanto non lo sia la tradizio-

nale certificazione di terza parte): paritari e basati sulla relazione, inclusivi, vicini al contesto locale, multi-criterio, adatti anche ai piccoli produttori, più leggeri, dinamici e adattivi.

***

I PGS consentono di aprirsi ad altri contesti: non avrebbe senso formalizzare un processo di garanzia partecipata a solo beneficio dei GAS. I GAS hanno già i loro produttori di riferimento, di cui si fidano, e che "certificano" con il passaparola: quando un GAS è alla ricerca di un nuovo produttore non cerca un marchio, ma chiede ad altri GAS della propria rete, oppure lancia un appello alla mailing-list nazionale.
Un "marchio" serve dunque per colloquiare con contesti esterni (più o meno contigui), per la stessa ragione per cui la certificazione tradizionale è indispensabile per chi vuole immettere i propri prodotti nei consueti canali distributivi.
Un marchio gestito su base fiduciaria e partecipata può consentire di ampliare le reti distributive dei prodotti rimanendo protagonisti del processo, senza snaturare il quadro relazionale e valoriale, prendendo però atto che la sostenibilità delle filiere di economia solidale necessita spesso di una scala più ampia dei soli GAS (a meno di non voler incoraggiare un improbabile consumismo gasista!).
Tale apertura significa anche estendere l'insieme dei produttori di riferimento, evitando (come spesso capita alle reti di GAS) di concentrarsi su pochi produttori virtuosi già "accreditati". L'approccio della garanzia partecipativa, inclusivo e graduale, favorisce infatti il coinvolgimento attivo di nuovi soggetti promuovendone concretamente (entro un processo di apprendimento collettivo e di condivisione dell'impegno) la trasformazione secondo (o almeno la contaminazione con) i principi dell'economia solidale.

Come possono i GAS promuovere concretamente la sperimentazione di sistemi di garanzia partecipata?
Concretamente un PGS si realizza a partire da un "tavolo locale" di incontro tra un produttore (o più produttori) e uno o più gruppi di consumatori organizzati (GAS), basato su una pre-esistente relazione fiduciaria e diretta tra GAS e produttore. In una visione più ampia il tavolo locale rappresenta il punto di contatto di reti più estese, che propagano al loro interno informazioni sul sistema di garanzia (trasparenza) e fiducia nella tenuta del meccanismo (credibilità).
In altre parole, è la rete stabile di relazioni tra GAS che rende un singolo gruppo "affidabile": io mi fido di quel GAS, in virtù della relazione costruita nel tempo, e dunque mi fido del PGS che quel GAS contribuisce a costituire. Allo stesso modo il produttore non dovrebbe partecipare in quanto singolo, ma come nodo di una rete fiduciaria di riferimento che lo qualifica e che va curata o promossa: che si tratti di produttori o consumatori, la cura della rete emerge dunque come elemento decisivo.
Il primo nucleo operativo di un PGS dovrà tra l'altro stabilire:

1) Cosa certificare: quali aspetti sono rilevanti per quel particolare PGS e dunque inseriti nel protocollo di certificazione e sottoposti a verifica? Il metodo produttivo, la dignità del lavoro, l'impatto ambientale, la difesa del territorio, la tutela varietale, ecc.? Le modalità di definizione del prezzo di vendita vengono inserite nel quadro della certificazione?

Significativa appare a questo proposito la "Campagna popolare per una legge che riconosca l'agricoltura contadina e liberi il lavoro contadino dalla burocrazia" (www.agricolturacontadina.org), promossa da diverse e autorevoli reti contadine di base.

Lo stabilirsi di una rete fiduciaria locale tra produttori è un aspetto delicato e spesso critico. Accanto alle fisiologiche diffidenze e a interessi potenzialmente configgenti, va considerato l'approccio dominante che colloca le imprese sempre e comunque in posizione competitiva: una retorica che condiziona tutto il discorso economico scoraggiando la concezione di reti cooperative di imprese impegnate in giochi economici a somma positiva (dove tutti vincono, a differenza del gioco competitivo a somma zero, dove la vincita si ottiene a scapito di chi perde).

2) Con quali modalità effettuare le verifiche: chi effettua le visite presso le aziende aderenti al PGS? Con quale frequenza? È necessario l'intervento di tecnici o esperti esterni?

3) Come gestire gli esiti negativi delle verifiche: normalmente in un PGS si assume che il mancato rispetto del protocollo di garanzia condiviso sia frutto di un difetto di informazione/formazione. Conseguentemente, la rilevazione di irregolarità (purché non tale da interrompere il rapporto di fiducia) non comporta l'esclusione, ma l'attivazione di un momento formativo o altri opportuni strumenti di adeguamento (tipicamente l'affiancamento da parte di altri produttori o esperti) attivamente supportato dagli altri partner. Il rispetto del protocollo di garanzia costituisce dunque una assunzione collettiva di responsabilità, il cui peso non viene scaricato sul singolo produttore, ma condiviso da tutta la rete che sostiene il PGS.

4) Quali attori partecipano al PGS: la tipologia degli attori costituenti la rete a sostegno del PGS non necessariamente è limitata a produttori e consumatori, ma dipenderà dalle caratteristiche locali e dagli obiettivi del sistema. Ad esempio, potrebbe essere auspicabile la partecipazione del sindacato o di associazioni per la difesa dei diritti dei migranti, quando un obiettivo caratterizzante è la tutela della dignità del lavoro, oppure degli enti locali ecc.

5) Quali produttori partecipano al PGS: quali caratteristiche deve avere un produttore per entrare a fare parte di un PGS? Si prevede un periodo di affiancamento e formazione?

6) Come dare visibilità al PGS: con quali regole gestire il "marchio"?

Vediamo in pratica l'analisi di una **ipotesi operativa**: un sistema di garanzia partecipata per gli agrumi calabresi e siciliani.

L'ipotesi di sperimentazione muove dai seguenti presupposti:

- gli agrumi rappresentano un prodotto stagionale di largo consumo, dunque gestibile per un tempo limitato ma con volumi importanti, caratteristiche indicate per una prima sperimentazione circoscritta nel tempo ma non trascurabile nell'impatto;
- esiste una consolidata relazione tra molti GAS del Nord Italia e diversi produttori agrumicoli del Sud;
- esiste una rete di GAS consolidata e diverse reti locali di produttori, con particolare riferimento al consorzio "Le Galline Felici" (Arcipelago Siqillyàh) e al ruolo catalizza-

tore di Roberto Licalzi;
- i gravi episodi di razzismo accaduti a Rosarno hanno sollecitato l'attenzione anche del pubblico generico e meno attento, evidenziando una certa sensibilità al tema e dunque una importante opportunità di comunicazione.

Tali presupposti appaiono particolarmente funzionali all'attivazione sperimentale di un PGS dedicato agli agrumi (già a partire dalla stagione produttiva 2010/2011). Nella fattispecie possiamo immaginare, al fine di avviare la riflessione operativa, un PGS caratterizzato dai seguenti elementi (per i quali si evidenziano contestualmente alcune potenziali criticità):

1) cosa certificare: una filiera degli agrumi provenienti dal consorzio "Le Galline Felici" e dalla costituenda cooperativa agricola di Rosarno, garantendo sia il metodo colturale biologico, sia la dignità dei lavoratori (lungo tutta la filiera).
   a) Abbiamo qualche esperienza di agricoltura biologica, ma sulla tutela della dignità del lavoro cosa sappiamo dire? Il paradigma "sindacale" che rappresenta il nostro riferimento culturale (l'assunzione "in regola") è veramente funzionale alla tutela del lavoro migrante e stagionale in agricoltura? Che interesse ha il migrante stagionale ad alimentare un sistema pensionistico e di welfare del quale presumibilmente non beneficerà mai? Come favorire condizioni dignitose non solo sul piano retributivo, ma anche della qualità della vita individuale e sociale (alloggio, vitto, assistenza medica e legale, relazioni positive con la comunità ospitante)?
   b) È necessario o auspicabile determinare a priori un prezzo minimo di vendita, al di sotto del quale diviene ragionevole ipotizzare lo sfruttamento del lavoro e/o rese superiori a quelle consentite da un metodo produttivo biologico? Come pervenire a tale determinazione?
   c) Certificare tutta la filiera implica la garanzia della tracciabilità (a tutti i livelli: materie prime, trasformazione, logistica): siamo in grado di assicurare la visibilità e la registrazione permanente di tutti i passaggi? È un "costo organizzativo" che siamo in condizioni di affrontare (identificazione, codifica, base dati, etichettatura ecc.)?

2) con quali modalità effettuare le verifiche: una visita delle aziende coinvolte da parte di un gruppo espressione di tutti gli attori coinvolti nel PGS, accompagnato almeno da un tecnico esperto di agricoltura biologica e da un altro produttore della zona. Durante la prima visita si incontreranno anche i lavoratori, stagionali e non (se necessario andrà prevista una figura di mediatore linguistico e culturale).
   Nel corso della stagione un tecnico effettuerà almeno una seconda visita, così come una delegazione incontrerà nuovamente i lavoratori.
   a) Come individuare i consulenti esperti e le funzioni specializzate? Sulla base di quali criteri?

3) come gestire gli esiti negativi delle verifiche: il gruppo di gestione del PGS discuterà innanzitutto con il produttore le ragioni del mancato rispetto del protocollo (negligenza, problemi oggettivi o contingenti, scarsa disponibilità di risorse, deficit formativo ecc.). Se le ragioni non sono tali da interrompere il rapporto fiduciario, verrà concordato un opportuno affiancamento da parte di un altro produttore del PGS o di un esperto.

4) quali attori partecipano al PGS: gli obiet-

tivi di certificazione espressi al punto 1 impongono il coinvolgimento di soggettività dedite alla promozione dei diritti del lavoro e dei migranti, quali il sindacato e le associazioni antirazziste.
   a) Ha senso coinvolgere gli Enti locali? A quale livello? Con quale ruolo?

5) quali produttori partecipano al PGS: si partirà dalle reti già consolidate o avviate, come "Le Galline Felici" o la cooperativa di Rosarno, con l'obiettivo di costituire una rete capace di accogliere altri produttori desiderosi di produrre con modalità rispettose dell'ambiente e dei lavoratori, ovvero disponibili a sottoscrivere il protocollo di garanzia da definire. L'adesione di un nuovo produttore al PGS avverrà in base a una procedura da definire, che prevederà in ogni caso almeno una visita preliminare presso l'azienda e l'incontro diretto con i lavoratori.
   a) Come identificare i limiti territoriali del PGS?
   b) Il fatto che un produttore venda anche alla GDO costituisce un fattore discriminante?

6) come dare visibilità al PGS: il marchio verrà in prima istanza attribuito solo ad alcune tipologie di agrumi concordate, non al produttore in quanto tale o ad altri suoi prodotti. Andranno definite le regole di attribuzione del marchio: chi può attribuirlo, con quali modalità, per quanto tempo.

In generale si pone, fin dal livello della sperimentazione, il problema della disponibilità di risorse: costruire e/o consolidare la rete ha comunque dei costi (rimborsi spese, viaggi, burocrazia ecc.), può essere necessaria la collaborazione di esperti o professionisti, è indispensabile una almeno minima attività di comunicazione esterna (sito Internet, brochure, partecipazione a eventi ecc.). Dove reperire le risorse? Autofinanziarsi (ovvero scaricare i costi sui partecipanti al PGS e/o sul prezzo dei prodotti) o cercare risorse esterne? Con quali criteri eventualmente selezionare i finanziamenti esterni?

Tutti i predetti elementi andranno descritti in un documento espressamente approvato da tutti gli attori coinvolti nel PGS, che costituirà il "protocollo di garanzia"; tale documento conterrà anche le regole per la sua revisione.

Pubblicato da garanzia partecipata.

Bibliografia

Michele Campero, *Lotta Biomeccanica alla Varroa*, Federazione Apicoltori Italiani, 1990

Fritjof Capra, Anna Lappè, *Agricoltura e cambiamento climatico*, Aboca Museum, 2016

Charles Dadant, *Dadant system of beekeeping*, 1920 (scaricabile in pdf all'indirizzo http://www.nwpabeekeepers.com/uploads/1/6/4/8/16484234/dadant_system_of_beekeeping_1920.pdf

Gilles Denis, *La ruche Warré mode d'emploi Techniques et conduite*, stampato in proprio, 2008

G.M. Doolittle, *A Year's Work In An Out-Apiary*, Northern Bee Books, 2013

Padre M. Dugat, *L'alveare grattacielo con più regine*, Apitalia, 1979

Paolo Faccioli, *Dall'altra parte dell'affumicatore*, Montaonda, 2016

Marc Gatineau, *L'apiculture telle que je l'aime et la pratique*, 1995

David Heaf, *L'apicoltura naturale con l'arnia Warré*, Montaonda, 2017

Gregg Krech, *L'arte di passare all'azione. Lezioni di psicologia giapponese per smettere di rimandare*, Giunti Demetra, 2016

L'abeille de France, n. 786, octobre 1993

Mauro Grasso, La rivoluzione dell'alveare, Terra Nuova, 2017.

Wyatt A. Mangum, *Top-Bar Hive Beekeeping: Wisdom & Pleasure Combined*, Stinging Drone Publications, 2012

Michael Pollan, *La botanica del desiderio, il mondo visto dalle piante*, Il Saggiatore, 2014

John Seymour, *Il grande libro dell'autosufficienza. Istruzioni pratiche per vivere meglio risparmiando*, Arianna, 2016

Vandana Shiva, *Chi nutrirà il mondo? Manifesto per il cibo del terzo millennio*, Feltrinelli, 2008

Mario Spinetti, *Preparati naturali per uso apistico: fitoterapia e aromaterapia*, Taiga, 1991

Johann Thür, *Bienenzucht, Naturgerecht einfach und erfolgsicher*, 1946 (scaricabile in pdf all'indirizzo https://www.seanet.com/~alexs/bien/bienenzucht_full.pdf)

Varrone, Virgilio, Columella, Plinio il Vecchio, *Il libro delle api*, Medusa Edizioni, 2013

Umberto Vesco, CRT Unaapi, *Sanità apistica. Aluen Cap - acido ossalico in strisce a liberazione lenta: novità dall'Argentina*, in L'Apis n.4, maggio, 2016

Gilbert Veuille, (a cura di Etienne Fort), *La ruche ronde divisible - Pour une apiculture respectueuse des abeilles*, Editions de Terran, 2014

Eloi F. Warré, *L'apicoltura per tutti*, Montaonda, 2013

CREDITI

http://americanbeejournal.com
www.beesfordevelopment.org
www.biobees.com
www.immenfreunde.de
www.labeilledefrance.com
www.rivistadiagraria.org/articoli/anno-2015/la-certificazione-del-metodo-biologico-lapicoltura/

CREDITI FOTOGRAFICI

Le foto presenti in questa pubblicazione sono per la maggior parte dell'autore, le foto dei progetti sono attribuite direttamente nel testo ai loro realizzatori, le altre sono tratte dai forum dell'apicoltura Warré e dai siti :

http://www.immenfreunde.de/forum/
http://warre.biobees.com/pressing.htm
http://www.tbhsbywam.com
http://ruche.populaire.free.fr
http://www.apiculture-warre.fr
http://www.dheaf.plus.com/warrebeekeeping/beeindex.htm
http://www.ruchewarre.net/index.php
http://www.warre-bienenhaltung.de
http://www.ruche-warre.com
http://www.apicoltori.so.it
http://www.beesource.com/build-it-yourself/

L'immagine del fuco è del fotografo Gilles Gonthier, dal sito www.everystockphoto.com

L'immagine sulla vista delle api è del fotografo Klaus Schmitt, dal sito www.everystockphoto.com

L'immagine della regina è tratta dal sito www.mikesbeesandhoney.com

L'immagine dell'ape che apre l'opercolo è tratta da wikimedia commons (Image-Birth_of_black_bee_(Apis_mellifera_mellifera)4)

L'immagine del pacco d'api è di Chris Severn (Own work) [CC BY-SA 3.0 (https://creativecommons.org/licenses/by-sa/3.0)], via Wikimedia Commons

L'immagine del fondo Warré, del tetto autoventilante e del cuscino sono tratte dal sito ruche.populaire.free.fr

L'immagine della griglia Snelgrove è tratta da www.bermondseystreetbees.co.uk

L'immagine della varroa è di Gilles San Martin from Namur, Belgium [CC BY-SA 2.0 (https://creativecommons.org/licenses/by-sa/2.0)], via Wikimedia Commons

L'immagine dell'ape con ali deformi è di By Stefan de Konink (Own work) [CC0], via Wikimedia Commons

L'immagine dell'Acarapis woodi è di USDA - USDA, Public Domain, https://commons.wikimedia.org/w/index.php?curid=6966809 + Domaine public, https://commons.wikimedia.org/w/index.php?curid=1379170

L'immagine della peste europea è tratta da http://skagitvalleybeekeepers.org/

L'immagine della peste americana è tratta da http://www.irishbeekeeping.ie/

L'immagine della Aethina tumida è di James D. Ellis, University of Florida/© Bugwood.org, CC BY 3.0 us, https://commons.wikimedia.org/w/index.php?curid=8634681

L'immagine della larva della Aethina tumida è di Jeffrey W. Lotz, Florida Department of Agriculture and Consumer Services - This image is Image Number 5193003 at Insect Images, a source for entomological images operated by The Bugwood Network at the University of Georgia and the USDA Forest Service., Domínio público, https://commons.wikimedia.org/w/index.php?curid=8635218

L'immagine della posizione di richiamo è tratta da https://losaltoshoneybees.wordpress.com/

Crediti non riconosciuti possono essere segnalati a: Marco Mantovani, svapiman@virgilio.it

GENUINO CLANDESTINO

Viaggio tra le agri-culture resistenti ai tempi delle grandi opere

Di Michela Potito e Roberta Borghesi
Fotografie di Sara Casna e Michele Lapini
Postfazione di Wu Ming 2
Formato: cm 19 x 23,5
Pag. 280 - € 18,00

MASANOBU FUKUOKA

Il primo libro che in Italia racconta la vita e l'opra del maestro dell'agricoltura naturale

di Larry Korn
Formato: cm 15 x 21
Pag. 288 • € 12,60

L'ORTO SENZ'ACQUA

Imparare a fare l'orto senz'acqua grazie alla tecnica del cippato in agricoltura, per risparmiare acqua, petrolio e lavoro.

di Jacky Dupety
Formato: cm 15 x 21
Pag. 168 • € 13,00

Terra Nuova EDIZIONI

puoi consultare il catalogo completo e ordinare i nostri libri
anche su **www.terranuovalibri.it**

IL MIO ORTO BIOLOGICO

Coltivare l'orto secondo il metodo biologico, l'agricoltura sinergica e la permacultura, senza uso di pesticidi e concimi chimici

di E. Accorsi e F. Beldì
Formato: cm 14,5 x 21
Pag. 220 • € 18,00

GRANI ANTICHI

Una rivoluzione dal campo alla tavola, per la salute, l'ambiente e una nuova agricoltura

di Gabriele Bindi
Formato: cm 19 x 23,5
Pag. 240 • € 13,60

MANUALE PRATICO DI AGRICOLTURA BIODINAMICA

Conoscere approfondire e mettere in pratica l'agricoltura biodinamica per coltivare frutta e verdura senza concimi e pesticidi chimici

di Pierre Masson
Formato: cm 15 x 21
Pag. 180 • € 14,00

IL MIO FRUTTETO BIOLOGICO

Pratici ed efficaci consigli per coltivare la vite e gli alberi da frutto, con i suggerimenti dell'agricoltura biologica e dell'agroecologia

di E. Accorsi e F. Beldì
Formato: cm 14,5 x 21
Pag. 296 • € 20,00

PREPARATI VEGETALI CONTRO I PARASSITI DI ORTO E FRUTTETO

Piante spontanee e facilmente reperibili per preparare infusi, decotti e macerati

di Francesco Beldì
Formato: cm 11,5 x 16,5
Pag. 128 • € 9,00

PERMACULTURA PER TUTTI

I principi generali e le esperienze in Italia

di Patrick Whitefield
Formato: cm 11,5 x 16,5
Pag. 224 • € 10,50

DIFENDERE L'ORTO CON I RIMEDI NATURALI

Fitosanitari, macerati, trappole e altre soluzioni bio per coltivare senza veleni

di Francesco Beldì
Formato: cm 14,5 x 21
Pag. 120 • € 13

CURARE GLI ALBERI DA FRUTTO SENZA CHIMICA

Fitosanitari, trappole, macerati e altre soluzioni per coltivare senza veleni

di Francesco Beldì
Formato: cm 14,5 x 21
Pag. 182 • € 14

Lo sconto del 15% per gli abbonati viene applicato solo per gli ordini effettuati presso la redazione di Terra Nuova telefonicamente o dal sito www.terranuovalibri.it (previa abilitazione)

SENZA GLUTINE

Pane torte e biscotti

di Antonio zucco
Formato: cm 19 x 19
Pag. 120 • € 13,00

FACCIAMO IL PANE

Nuova edizione con foto a colori e oltre 50 ricette per imparare a fare il pane con il lievito naturale

di Annalisa De Luca
Formato: cm 19 x 19
Pag. 120 • € 13,00

VEGAN FINGER FOOD

50 ricette di tartine, cestini, bicchierini per guastare in punta di dita cibo buono, sano ed etico

di Dora Grieco e Roberto Politi
Formato: cm 19,5 x 23
Pag. 120 • €13,50

BABY VEGAN CHEF

Per cucinare insieme ai bambini piatti colorati, sani e gustosi, privi di prodotti di origine animale

di Licia Calia
Formato: cm 19,5 x 23
Pag. 120 • € 13,50

IL GRANDE LIBRO DELLA PASTICCERIA NATURALE

Per soddisfare la voglia di dolce con ingredienti vegetali, bio e salutari

di Pasquale Boscarello
Formato: cm 19,5 x 23
Pag. 120 • € 13,50

FRUTTA E FIORI IN CUCINA

70 ricette gustose e originali per portare in tavola piatti inconsueti a base di frutta, fiori e germogli

di Antonio Zucco
Formato: cm 19,5 x 23
Pag. 120 • € 13,50

CELIACHIA SENZA SACRIFICI

Tanti consigli utili e ricette senza glutine per superare i luoghi comuni, vivere meglio e non rinunciare al piacere a tavola

di Luisa Ferrari
Formato: cm 19 x 19
Pag. 120 - €14,00

NICHEL

Consigli e ricette per affrontare intolleranza e allergia senza rinunciare al gusto

di Alessandra Cremonini
Formato: cm 19 x 19 – Pag. 120 - € 14,00

GRAVIDANZA: LA DIETA IDEALE

Consigli e ricette vegetariane per la salute della mamma in attesa

di Simona Mezzera
Formato: cm 19 x 19 –
Pag. 120 - € 14,00

RINFORZARE IL SISTEMA IMMUNITARIO DEL BAMBINO E DI TUTTA LA FAMIGLIA CON L'ALIMENTAZIONE

Tante ricette veg per prevenire raffreddore, tosse, malanni di stagione ed evitare i farmaci

di Mario e Alberto Berveglieri
Formato: cm 19 x 19 – Pag. 120 - € 14,00

Lo sconto del 15% per gli abbonati viene applicato solo per gli ordini effettuati presso la redazione di Terra Nuova telefonicamente o dal sito www.terranuovalibri.it (previa abilitazione)

FSC
MISTO
Carta
FSC® C113203